Hanns-J. Krause

Handbuch
Aquarienwasser

Hanns-J. Krause

Handbuch Aquarienwasser

6. erweiterte und vollständig überarbeitete Auflage

ISBN 978-3-8001-9877-1

Der Autor ist dankbar für Anregungen und für jeden Hinweis auf Fehler.

Bildnachweis: Alle Fotos Hanns-J. Krause.

Inhaltsverzeichnis

A. Wasserchemie

1. Wasser, was ist das eigentlich?

Was ist Wasser? – Der Physiker sieht eine klare Flüssigkeit, die bei 0 °C zu Eis wird und bei 100 °C verdampft. Ihm fällt auf, dass das Wasser merkwürdigerweise seine größte Dichte nicht bei 0 °C, sondern bei +4 °C besitzt, dass es also bei dieser Temperatur am schwersten ist und Wasser mit anderen Temperaturen unterschichtet. So kommt es, dass noch kälteres Wasser und Eis an der Oberfläche bleiben. Das ist biologisch von größter Bedeutung! So bleibt auch im Winter am Boden der Gewässer der Lebensraum „Wasser" erhalten, der oben durch eine wärmeisolierende Eisschicht vor weiterer Abkühlung geschützt wird. Ohne diese Dichte-Anomalie entstünde auf dem Boden ein Eisblock, der im Sommer nicht auftauen kann, sondern allmählich nach oben wächst und alles Leben im Wasser auslöscht .

Was ist Wasser? – Der Chemiker sieht eine geruch- und geschmacklose Flüssigkeit, die weder Säuren- noch Basencharakter hat. Und das, obwohl sie die entscheidenden Merkmale einer Säure (H-Ionen) und einer Base (OH-Ionen) enthält! Wasser kann merkwürdigerweise dadurch entstehen, indem zwei Gase miteinander reagieren: Wird ein Gemisch aus 2 Raumteilen Wasserstoff (H) und 1 Raumteil Sauerstoff (O) verbrannt, so entsteht Wasser mit der chemischen Formel H_2O. – Dem Chemiker fällt weiterhin auf, dass das Wasser außerordentlich viele Stoffe in Lösung bringen kann; es ist d a s Lösungsmittel schlechthin! Eine biologisch äußerst wichtige Eigenschaft, denn das Wasser als Lebensraum vieler Pflanzen und Tiere muss sämtliche Nährstoffe wie auch die Ausscheidungen aufnehmen und transportieren können.

Was ist Wasser? – Biologisch gesehen ist reines Wasser, also chemisch H_2O, ein absolut toter Lebensraum; denn reines Wasser ist nährstofffrei. Außerdem quillt darin infolge osmotischer Wasseraufnahme jede einfache Zelle auf bis zum Zerplatzen. Biologisch einwandfreies Wasser muss eine Mindestmenge an gelösten Stoffen, meist Salze, enthalten. Das gilt für unser Trinkwasser genauso wie für unser Aquarienwasser. Nähere Kenntnisse über die im Wasser gelösten Stoffe sind deshalb Voraussetzung für eine erfolgreiche Aquaristik!

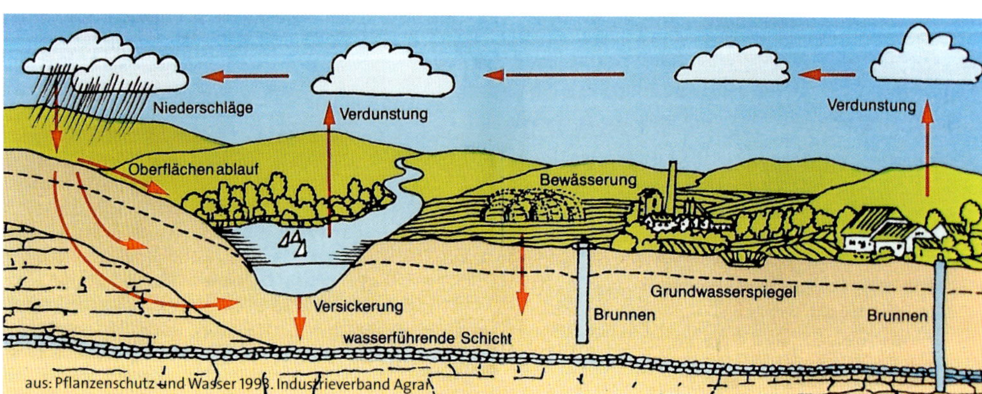

aus: Pflanzenschutz und Wasser 1993. Industrieverband Agrar

2. Im Wasser gelöste Stoffe

Es lassen sich drei Gruppen von Stoffen unterscheiden: Salze, Gase und organische Verbindungen.

2.1 Salze

Wasser, das im Erdreich versickert, kann auf seinem Wege die verschiedensten Mineralien lösen. Diese sind dann als Salze im Wasser nachweisbar. Je nach geologischer Struktur von Sicker- und Quellgebiet kann das Wasser andere Salze enthalten.

Unter einem Salz versteht der Chemiker das Reaktionsprodukt aus einer Säure und einer Base. Beispiel: Bei der Reaktion von Salzsäure mit Natronlauge entsteht das Salz Natriumchlorid, allgemein bekannt als Kochsalz:

$$HCl + NaOH \rightarrow NaCl + H_2O$$

Salzsäure + Natronlauge → Natriumchlorid + Wasser

Weil es sehr viele Säuren gibt, die mit ebenfalls sehr vielen Basen reagieren können, gibt es sehr viele verschiedene Salze. Je nach ihren Ursprungsstoffen haben die Salze andere chemische Formeln und verschiedene Eigenschaften. Das ist biologisch von sehr großer Bedeutung.

Die Salze sind im Wasser zunächst in Molekülform gelöst, doch alsbald drängen sich die Wassermoleküle derart intensiv dazwischen, dass die meisten Salzmoleküle aufgespalten werden in Ionen; diesen Prozess nennt der Chemiker Dissoziation. Aus zuvor elektrisch neutralen Salzmolekülen entstehen dann positiv geladene Ionen (Kationen) und negativ geladene Ionen (Anionen). Beim Natriumchlorid, also dem Kochsalz, sieht das so aus:

$$NaCl \rightarrow Na^+ + Cl^-$$

Natriumchlorid → Natrium-Ion + Chlorid-Ion

Ein Ion kann auch aus einer Gruppe von Atomen bestehen, siehe Bild A2-1.

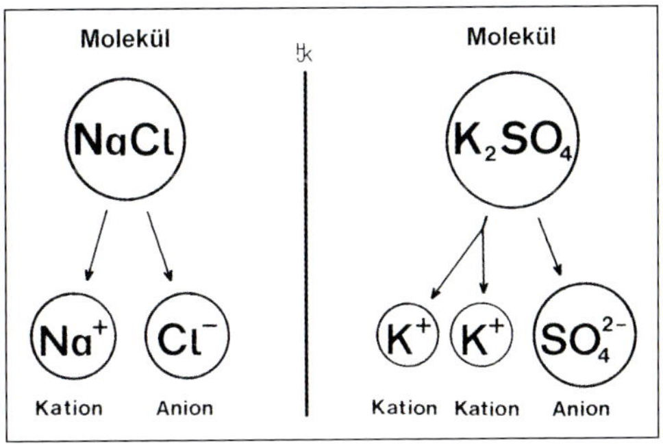

Bild A2-1: Salzmoleküle dissoziieren in Ionen, wobei die Ionen auch aus Gruppen von Atomen bestehen können. Die Gesamtladung bleibt nach außen hin stets neutral.

Im Wasser schwimmen also genau besehen keine Salze, sondern deren elektrisch geladene Bruchstücke (Ionen). Die Aufspaltung in Ionen ist so gründlich, dass man hinterher nicht immer feststellen kann, welches Ion eigentlich aus welchem Salz seinen Ursprung hat. Deshalb werden bei den Wasseranalysen grundsätzlich nicht die Salze angegeben, sondern nur die aufgefundenen Ionen. Die häufigsten im Wasser vorkommenden Ionen zeigt Tabelle A2-A

Tabelle A2-A: Im Wasser häufig vorkommende Ionen

positiv geladene Ionen (Kationen)		negativ geladene Ionen (Anionen)	
Ammonium	NH_4^+	Chlorid	Cl^-
Kalium	K^+	Hydrogencarbonat	HCO_3^-
Natrium	Na^+	Nitrit	NO_2^-
Barium	Ba^{2+}	Nitrat	NO_3^-
Calcium	Ca^{2+}	Carbonat	CO_3^{2-}
Eisen	Fe^{2+}	Sulfat	SO_4^{2-}
Magnesium	Mg^{2+}	Phosphat	PO_4^{3-}
Mangan	Mn^{2+}		
Strontium	Sr^{2+}		

Die hochgestellten Ziffern und +/–Symbole in der Tabelle kennzeichnen die Größe und Art der elektrischen Ladung. Einige Ionen können verschiedene Ladungen tragen. So kann zum Beispiel das Eisen als Fe^{2+} und als Fe^{3+} vorkommen; und das Mangan kann Ladungen von 1+ bis 7+ annehmen, wobei Mn^{2+}, Mn^{4+} und Mn^{7+} die häufigsten Formen sind.

Das Meerwasser hat weltweit dieselbe Zusammensetzung. Deshalb kann ein künstliches Meerwasser für Fische vom Indischen Ozean oder von der Karibik nach genau demselben Rezept hergestellt werden (Tabelle A2-B).

Tabelle A2-B: Die häufigsten Ionen im Meerwasser (Gew.-%)

Kationen		Anionen	
Na^+	83,6 %	Cl^-	87,2 %
Mg^{2+}	10,1 %	SO_4^{2-}	12,2 %
Ca^{2+}	3,3 %	HCO_3^-	0,6 %
K^+	3,0 %		

Gesamtsalzgehalt stets etwa 36 000 mg/l

Das Süßwasser dagegen kann verschieden zusammengesetzt sein. Sein Gesamtsalzgehalt schwankt überwiegend im Bereich von 100-800 mg/l. Überraschenderweise aber ist in den meisten Süßwässern das Mengenverhältnis der Ionen untereinander sehr ähnlich, und zwar unabhängig vom Gesamtsalzgehalt. Das heißt, sowohl sehr stark salzhaltige Süßwässer als auch weniger salzhaltige haben oft eine erstaunlich gleichartige Ionenverteilung. Untersuchungen an Seen und Flüssen in aller Welt, darunter auch an den Weißwasserflüssen Amazonas und Rio Solimões sowie am Klarwasserfluss Rio Tapajós, ergaben nach GESSNER (1959) folgende Mittelwerte, die als Standard-Ionenverhältnis bezeichnet werden (Tabelle A2-C).

Tabelle A2-C: Mittlere Verteilung der häufigsten Ionen im Süßwasser (Gew.-%), bezeichnet als STANDARD-IONENVERHÄLTNIS

Kationen		Anionen	
Ca^{2+}	64,4 %	HCO_3^-	80,0 %
Na^+	18,4 %	SO_4^{2-}	13,7 %
Mg^{2+}	10,6 %	Cl^-	6,3 %
K^+	6,6 %		

Gesamtsalzgehalt überwiegend im Bereich 100-800 mg/l

Interessant ist, dass bei den Kationen die Zweiwertigen (Ca, Mg) den größten Anteil stellen, während bei den Anionen die Einwertigen (HCO_3, Cl) weit in der Mehrzahl sind.

Nur wenige Süßwässer weichen erheblich ab vom Standard-Ionenverhältnis. Zu den Ausnahmen gehört beispielsweise der Schwarzwasserfluss Rio Negro, bei dem anstelle der Hydrogencarbonat-Ionen deutlich die Sulfat- und Chlorid-Ionen überwiegen, wie auch der Tanganjika-See mit seinem erhöhten Natrium-Gehalt.

2.2 Gase

Alle offenen Gewässer tauschen mit der Atmosphäre ständig Gase aus: Sauerstoff (O_2), Stickstoff (N_2), Kohlendioxid (CO_2) und andere. Aus der Luft wandern Gasmoleküle in das Wasser hinein, aber gleichzeitig wandern auch Gasmoleküle wieder aus dem Wasser heraus an die Luft. Die Geschwindigkeit der beiden Prozesse hängt wesentlich ab von den jeweiligen Gasdrücken

Ein Blick quer über den Rio Negro bei Barcelos. Nur mit einem guten Bootsführer gelingt es das jenseitige Ufer zu finden (und wieder zurück!).

sowie von der Temperatur. Nach einiger Zeit kommen die Austauschprozesse scheinbar zur Ruhe, weil gleichzeitig genau so viele Gasmoleküle aus der Luft in das Wasser hineinwandern wie umgekehrt auch heraus. Dann ist das Gleichgewicht der Gase in Luft und Wasser erreicht. Bei 20 °C und 1013 hPa[1] Luftdruck stellen sich die Werte nach Tabelle A2-D ein.

Tabelle A2-D: Gasgleichgewicht bei 20 °C und 1013 hPa

	in der Luft Vol. %	im Wasser Vol.-%	mg/l
Stickstoff (N_2)	78,1	1,12	14,2
Sauerstoff (O_2)	20,9	0,56	9,1
Kohlendioxid (CO_2)	0,033	0,025	0,51

Dieser Gleichgewichtszustand des Wassers mit der Luft wird mitunter fälschlich als „Sättigung“ bezeichnet. Das ist irreführend! Dieser Begriff verleitet zu der Annahme, höhere Konzentrationen seien unmöglich. Doch können im Wasser auch höhere Gasmengen gelöst sein. So enthält frisch eingegossenes Sprudelwasser mehrere tausend mg/l CO_2. Lässt man es aber längere Zeit offen an der Luft stehen, so verliert es seinen CO_2-Gehalt bis zum obigen Gleichgewichtswert von etwa 0,5 mg/l, und dann schmeckt es „schal“. Auch andere Gase, wie zum Beispiel Sauerstoff, können im Wasser viel stärker konzentriert sein, als es dem Gleichgewichtswert entspricht. Wenn man aber das System Wasser/Atmosphäre sich selbst überlässt, so streben die Konzentrationen ihrem Gleichgewicht zu, wie es in der Tabelle angegeben ist. Der Begriff „Sätti-

[1] hPa = Hektopascal, entspricht dem früher gebräuchlichen Millibar.

Der berühmte „encontro das águas" bei Manáus: Der Zusammenfluss des Rio Solimões (Weißwasser) mit dem Rio Negro (Schwarzwasser). Hier entsteht der eigentliche, mächtige Amazonas.

gung" wird diesem Verhalten keineswegs gerecht, sondern ist irreführend!

Die Tabelle zeigt auch, dass die Gaskonzentrationen in Wasser und Luft sich stark voneinander unterscheiden. So enthält belüftetes Wasser 0,56 Vol.-% Sauerstoff, die Atmosphäre dagegen 20,9 Vol.-%, also das 37-fache! Deshalb haben zu der Zeit, als sich noch fast das gesamte Leben im Wasser abspielte, solche Tiere, die evolutionsbedingt einen höheren Bedarf an Sauerstoff bekamen, sich zu Lungenatmern entwickelt und damit den ersten Schritt zum Leben auf dem Land vollzogen.

2.3 Organische Verbindungen

Es sind mehr als sieben Millionen verschiedene organische Verbindungen bekannt. Sie besitzen meist relativ große Moleküle. Ihr Grundgerüst besteht typischerweise aus Kohlenstoff-Atomen, die in meist Ketten oder Ringen, auch mit Verzweigungen, angeordnet sind. An dieses Grundgerüst können die verschiedensten anderen Atome oder Atomgruppen gekoppelt sein, womit sich recht bizarre Gebilde ergeben können.

Organische Verbindungen wurden einst als Bausteine von Organismen entdeckt und erhielten so ihren Namen; denn zunächst glaubte man, dass nur Organismen zur Herstellung von solcher Verbindungen befähigt sind, Laborversuche scheiterten. Heute aber können die meisten organischen Verbindungen synthetisiert werden, ja es gelingt sogar die Herstellung von Verbindungen, die in der Natur (noch?) nicht gefunden worden sind.

Viele der organischen Verbindungen spielen biologisch eine außerordentlich wichtige Rolle. In belebten Gewässern der Natur wie auch im Aquarium sind regelmäßig erhebliche Mengen an organischen Verbindungen gelöst. Näheres siehe im Kapitel „C16. Organische Verbindungen".

Literatur

Gessner (1959): Hydrobotanik II, S. 316-318. Verlag der Wissenschaften, Berlin.

B. Wasseranalytik

1. Der Umgang mit Chemikalien

Wer chemisch nicht vorbelastet ist, hat oft Angst vor Chemikalien. Die Angst ist unbegründet, wenn die nachfolgenden Sicherheitsregeln beachtet werden. Täglich werden in jedem Haushalt zahlreiche Chemikalien bedenkenlos benutzt, die keineswegs harmlos, sondern bei unsachgemäßem Gebrauch sogar lebensgefährlich sein können! Zum Beispiel: Essigessenz, Haarfärbemittel (Peroxide!), Fleckenmittel aller Art, Konzentrate zum Aufwischen, WC-Reiniger und so weiter. Sogar Geschirrspülmittel sind ernsthaft lebensgefährlich, falls sie getrunken werden (Kinder!), denn der Schaum gelangt in die Bronchien und setzt die Lunge außer Funktion. Zu den gefährlichen Chemikalien zählen auch viele Arzneimittel einschließlich der Fischheilmittel. Das alles beweist: Nicht Angst, sondern Aufklärung und umsichtiges Handeln ist die richtige Devise!

Sicherheitsregeln:

- Bei chemischen Arbeiten grundsätzlich nicht essen, nicht trinken, nicht rauchen. Es besteht die Gefahr, dass Substanzen in den Mund geraten.

- Berühren der Chemikalien vermeiden, viele Substanzen durchdringen die Haut! Nach eventuellen Kontakten die Haut reichlich unter fließendem Wasser abspülen.

- Alle Reagenzien müssen vor Missbrauch sicher aufbewahrt werden (Kinder!).

Wohin mit den Wasserproben nach dem Test? Um die Antwort drücken sich viele Hersteller. Die Reagenzien können nicht nur Säuren und Laugen enthalten, sondern auch verschiedene Gifte. Im Hobbybereich fallen diese Substanzen allerdings nur gele-

Von links ergießt sich das Weißwasser des Rio Iguaçú in den Rio Paraná (Brasilien). Die verschiedenfarbigen Wassermassen mischen sich nur sehr zögernd; ihre scharfe Trennungslinie ist noch auf viele Kilometer Länge klar zu sehen.

gentlich und in sehr kleinen Mengen an, und es ist kaum ein anderer Weg gangbar, als die wenigen Milliliter nach Gebrauch in den Ausguss zu schütten und sofort reichlich mit Wasser nachzuspülen. Der Ausguss in der Küche aber muss unbedingt tabu bleiben, denn hier werden auch Lebensmittel und Geschirr gewaschen!

Wer viel analysieren muss, zum Beispiel als Fischzüchter, frage den Hersteller nach der richtigen Entsorgung der Wassertests.

Der beste Arbeitsplatz für wasserchemische Untersuchungen ist – wie beim Hobby-Fotolabor – am Waschbecken im Badezimmer. Hier können auch die Reagenzien und andere benötigte Chemikalien griffbereit in einem verschließbaren(!) Schränkchen untergebracht werden.

2. Der richtige Wassertest

Aquarienchemie ist heutzutage kein Hexenwerk mehr. Mit guten Reagenziensätzen kann jedermann die wichtigsten Wasserinhaltsstoffe schnell und hinreichend genau messen. Für den chemisch besonders interessierten Leser habe ich das jeweils bevorzugt angewandte Reaktionsprinzip angegeben; so werden die Eigenheiten der verschiedenen Verfahren besser verständlich.

Im Zoohandel sind einfache Wassertests zu relativ niedrigen Preisen erhältlich. Deren Messgenauigkeit reicht für die Aquaristik im Allgemeinen aus. Wesentlich höhere Messgenauigkeit und bessere Störungssicherheit bieten die Reagenziensätze für den Berufs-Chemiker aus dem Chemielaborhandel, diese Wassertests sind verständlicherweise erheblich teurer. Manche aquaristisch geeignete Tests sind nur im Chemielaborhandel zu finden, wie zum Beispiel ein genügend empfindlicher Kaliumtest.

Auswahl-Kriterien. Vor dem Kauf eines Wassertestes prüfe man folgende Punkte:

Messbereich. Die in den einzelnen Kapiteln dieses Buches angegebenen Grenzwerte müssen messbar sein. Und zwar vor allem der u n t e r e Grenzwert! So ist beispielweise ein Eisentest für 0,1 bis 10 mg/l Fe aquaristisch unbrauchbar, denn im Aquarienwasser sind etwa 0,03 bis 0,1 mg/l Eisen erwünscht.

Der Aufdruck wie etwa „Messbereich bis 10 mg/l“ lässt vermuten, dass alle kleineren Werte messbar seien. Das ist jedoch niemals der Fall!!! Jeder Test hat eine untere Grenze der Nachweisfähigkeit, das heisst er reagiert erst ab einer Mindestkonzentration. Im Zweifelsfall in der Gebrauchsanleitung nachlesen, wieviel mg/l Substanz e i n e m Reagenztropfen entspricht, oder auf der eventuell vorhandenen Farbskala den kleinsten Wert ablesen.

Farbskala. Sie muss genügend fein und farbklar abgestuft sein. Bei schlechten Tests sind die Farben nur um Nuancen abgestuft, folglich treten leicht unzumutbare Ablese- und damit Messfehler auf, das gilt insbesondere bei Kunstlicht. Oft kommt bei zunächst preisgünstig erscheinenden Tests hinzu, dass der billigere Farbdruck erheblich von den Sollfarben abweichen kann, womit Messfehler unvermeidbar sind. Ein Beispiel für eine gute Farbskala eines preisgünstigen Testes zeigt Bild B2-1.

Messglas. Kunststoff-Messgläser können eine leichte Eigenfarbe haben, die beim Vergleichen mit der Farbskala Messfehler verursachen kann. Zur Prüfung blicke man von oben durch das leere oder besser mit Wasser gefüllte Messglas auf ein weißes Blatt Papier. Vorzuziehen sind Messgläser aus Glas; diese haben keine eigene Farbe und sind außerdem besser zu reinigen.

Probenvolumen. Wassertests mit großem Volumen der Wasserprobe arbeiten meist verlässlicher. Warum? Tests mit kleinerem Probenvolumen erfordern zwangsläufig eine stärkere Verdünnung der Reagenzien. Verdünntere Reagenzien aber verderben leichter und messen dann falsch! Zum Beispiel muss man bei einem Sauerstofftest mit nur 20 ml Probenvolumen eher mit Verderbnis und unbemerkter Falschmessung rechnen als bei einem Sauerstofftest mit größerem Probenvolumen von 40 ml.

Bild B2-1: Auch ein Wassertest der unteren Preisklasse kann eine gute Skala mit klar abgestuften Farben haben.

3. Haltbarkeit der Wassertests

Die Wassertests sind verschieden lange haltbar. Einige bleiben jahrelang unverändert, wie beispielsweise die meisten GH-, KH- und pH-Tests. Andere können schon nach wenigen Monaten falsche Messergebnisse liefern, insbesondere bei unsachgemäßer Lagerung. Pauschale Angaben sind nicht möglich.

Auch ein Garantiedatum bietet erfahrungsgemäß keine Sicherheit. Es bedeutet nur, dass der Hersteller bis zu diesem Tag einen fehlerhaften Test umtauscht. Das Datum besagt keineswegs, dass der Test bis dahin

mit Sicherheit richtig misst. Gerade in der unteren Preisklasse kommt es vor, dass ein Test weit vor Ablauf des Garantiedatums erheblich falsch misst.

Besonders leicht verderben Tests, die reduzierende Reagenzien enthalten, also zum Beispiel Phosphat- und Nitrattests. Anfällig sind auch Kohlensäure- und manche Sauerstofftests. Das gilt insbesondere für solche Fabrikate, die nur sehr kleine Wasserproben benutzen, weil deren Reagenzien entsprechend stark verdünnt sein müssen.

Grundsätzlich halten sich alle Reagenzien wesentlich länger, wenn sie luftdicht verschlossen, kühl und dunkel aufbewahrt werden. Bei längerem Nichtgebrauch ist ein frostfreier Platz im Kühlschrank sehr zu empfehlen.

Soweit möglich, habe ich Rezepte für Prüflösungen angegeben, mit denen die Wassertests kontrolliert werden können. Die Zubereitung erfordert sehr sauberes Arbeiten. Hohe Verdünnungen, beispielsweise 1:1000, werden in mehreren Stufen durchgeführt. Die meisten Prüflösungen sind nur kurze Zeit haltbar.

Mitunter müssen kleine Substanzmengen abgewogen werden. Das kann ohne Analysenwaage zum Problem werden. Als Behelf kann man eine gute Briefwaage wie folgt benutzen: Man wiege die 10-fache Menge ab, löse sie in Wasser und fülle auf 100 ml auf; dann enthalten 10 ml dieser Lösung die gewünschte Substanzmenge. Der Verlust an Genauigkeit ist aquaristisch tragbar.

Ergeben sich bei der Kontrolle eines Tests mit der Prüflösung nennenswerte Abweichungen, kann man ihn in den meisten Fällen noch weiter verwenden. Es genügt, den Fehler zu kennen und künftige Messergebnisse mit einem Korrekturfaktor zu berichtigen. Beispiel: Ein Gesamthärtetest misst in der Prüflösung mit 20 °d nur 18 °d. Künftig werden die Ergebnisse mit dem Faktor 20/18 = 1,11 multipliziert.

Am einfachsten ist es, im Zweifelsfall neue Tests zu kaufen (die beim Händler nur kurze Zeit gelagert haben sollten) und angebrochene Wassertests nach spätestens 12 Monaten auszutauschen.

Auf Expeditionen in die Tropen verderben manche Wassertests überraschend schnell, sie liefern dann irreführende Resultate! Zum einen trägt das warm-feuchte Tropenklima die Schuld, wobei nach der van't Hoffschen Regel der Verderb je 10 °C höherer Temperatur mit doppelter bis vierfacher Geschwindigkeit wächst. Zum anderen verderben manche Reagenzien bei nicht absolut dichten Flaschen bereits durch das Klima in den Flugzeugen, und zwar infolge des ganz erheblich höheren Ozongehaltes in Verbindung mit der Pumpwirkung des wechselnden Luftdruckes. Das geschieht unbemerkt.

So berichtete ein wirklich namhafter Autor von einem rasch fließenden, knöcheltiefen Tropenbach mit 12 mg/l Sauerstoff; ein utopischer Wert, denn bei 28 °C beträgt der Gleichgewichtswert mit der Luft nur 7,8 mg/l! Die Ursache: Seine Reagenzien waren im Reisegepäck verdorben, er benutzte sie ungeprüft und glaubte kritiklos seinen Messergebnissen. Leider wurden daraus entsprechend falsche Schlüsse gezogen und als wissenschaftlich bewiesen mit Nachdruck verbreitet. Zum Schaden für die Aquaristik (Bild B3-1).

Nicht nur in den Tropen entstehen gelegentlich kritische Zweifel: Hat das Gewässer tatsächlich so extreme Eigenschaften, oder sind die Reagenzien total verdorben? Im Reisegepäck ist natürlich kein Platz für die

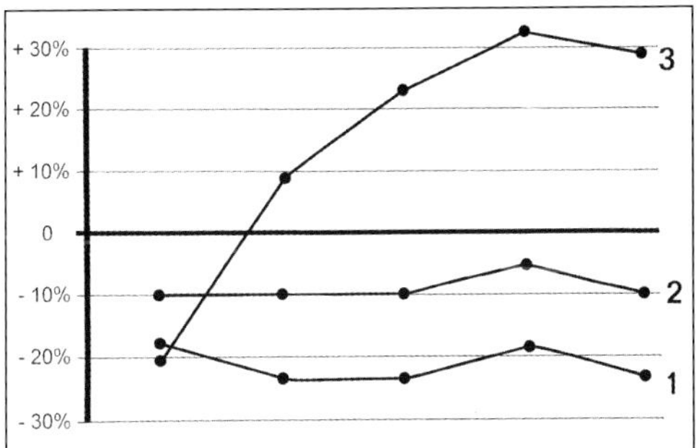

Messfehler von drei Fabrikaten O_2-Test im Verlauf von 60 Tagen Tropenreise

Bild B3-1: Manche Reagenzien können bei ungünstigem Klima rasch verderben. Hier ein Beispiel mit O_2-Reagenzien auf einer (Flug-)Reise in die Tropen. Regelmäßige Prüfungen sind wichtig.

ebenfalls verderblichen Prüflösungen. Deshalb habe ich, soweit möglich, außerdem Verfahren zur orientierenden Schnellprüfung auf Funktion angegeben; so kann man auch im tiefsten Urwald feststellen, ob ein Test überhaupt noch arbeitet oder etwa total verdorben ist.

4. Richtiges Analysieren

Zu jedem Reagenziensatz gehört eine Gebrauchsanleitung. Sorgfältiges Lesen hilft Messfehler zu vermeiden. Hier noch einige zusätzliche Hinweise:

Die Probenmenge üblicher Wassertests beträgt etwa 5 bis 40 ml. Diese winzige Wassermenge muss, sofern das Aquarienwasser nicht kräftig umgewälzt wird, keineswegs repräsentativ sein für das gesamte Aquarium! Genauso wie die Temperatur kann auch die Stoffverteilung im Aquarium ungleichmäßig sein. Das gilt insbesondere für Sauerstoff, Kohlendioxid und pH-Wert, weil deren Werte im Tagesrhythmus stark schwanken; Fehler von 10 bis 30 % sind möglich. In kritischen Situationen daher mehrere Proben von verschiedenen Stellen entnehmen und messen.

Das Volumen der Wasserprobe kann das Messergebnis entscheidend beeinflussen. Werden zum Beispiel bei einer GH-Messung anstelle der vorgeschriebenen 5 ml Wasserprobe fälschlich 5,5 ml benutzt, so fällt das Messergebnis 10 % höher aus!

Die Probengefäße haben Füllstands-Markierungen. Die richtige Füllung kann nur durch seitliches Betrachten in Augenhöhe beurteilt werden: Der untere Rand des Meniskus muss mit der Markierung übereinstimmen (Bild B4-1)!

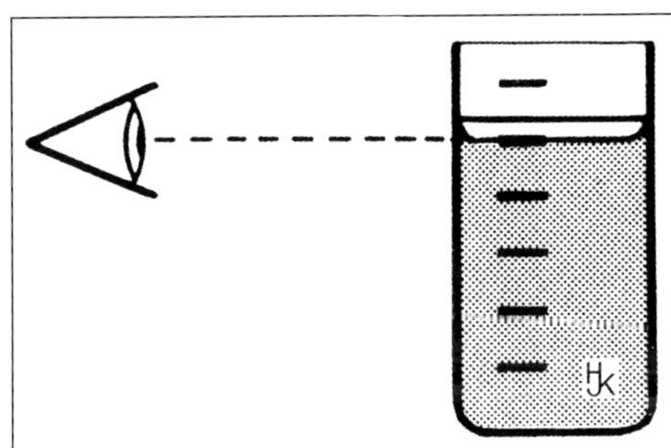

B4-1. Der untere Rand des Meniskus muss mit dem Maßstrich übereinstimmen, dann ist die richtige Füllmenge errreicht.

Hilfreich ist eine skalierte Plastikspritze aus der Apotheke. Man saugt die Wasserprobe beispielsweise bis zur 5-ml-Markierung aus dem Aquarium und gibt sie in das Probengefäß. Bei streng senkrechtem Gebrauch verursacht die kleine Luftblase aus dem Stutzen der Spritze keinen Messfehler, weil allein der Kolbenhub maßgebend ist.

Es ist empfehlenswert, einige Plastikspritzen mit 2, 5, 10 und 20 Milliliter Inhalt vorrätig zu haben als Büretten-Ersatz; das Abmessen kleiner Flüssigkeitsmengen zum Herstellen von Prüflösungen wird erleichtert.

Beim Tropfen müssen die Reagenzienflaschen unbedingt senkrecht gehalten werden. Die Tropfenfolge darf nicht schneller sein als ein Tropfen pro Sekunde. Sonst kann sich nicht die richtige Tropfengröße ausbilden, und die Reagenzmenge stimmt nicht. Insbesondere bei Messungen, bei denen die Anzahl der verbrauchten Tropfen direkt das Messergebnis darstellt (GH, KH, CO_2 usw.), würden erhebliche Messfehler entstehen, siehe Bild B4-2.

Für pulvrige Substanzen wird ein Messlöffel mitgeliefert. Unbedingt darauf achten, ob die Füllung laut Gebrauchsanleitung gehäuft oder gestrichen sein soll. Es macht den Faktor zwei aus!

Die Reagenzien müssen mit der Wasserprobe vermischt werden. Dazu wird das Probengefäß geschwenkt oder geschüttelt. Es darf dabei keinesfalls nach Praktiker-Art mit dem Daumen oder Handballen verschlossen werden, sondern nur mit einem sauberen Stopfen! Bekanntlich soll jeder Hautkontakt mit Chemikalien vermieden werden. Noch wichtiger aber ist die Tatsache, dass viele Messungen bereits durch Spuren von Hautschweiß verfälscht werden, denn Schweiß enthält unter anderem Ammoniak, Phosphate und verschiedene Säuren!

Viele Wassertests ergeben eine Farbreaktion, die anschließend mit einer Farbtafel verglichen werden muss. Die richtige Farb-

B4-2: Flaschen senkrecht halten und genügend langsam tropfen! Sonst ist die richtige Tropfengröße nicht gewährleistet, und das Messergebnis kann verfälscht werden.

tiefe entwickelt sich oft erst nach einiger Reaktionszeit, beispielsweise nach fünf Minuten. Auch danach kann sich die Farbe langsam weiter verändern. Es ist wichtig, dass der Vergleich genau nach der vorgeschriebenen Zeit erfolgt.

Der Farbvergleich kann sehr unterschiedlich ausfallen, je nachdem, ob das Reagenzgläschen beim Durchblicken auf die Unterlage aufgesetzt wird oder in einigem Abstand darüber- oder davorgehalten wird. Um Ablesefehler zu vermeiden, die richtige Anwendung in der Gebrauchsanleitung nachlesen und beachten.

Die Farben sollen stets bei Tageslicht verglichen werden, denn hierauf sind die Farbtafeln abgestimmt. Die Druckfarben enthalten zwangsläufig andere Farbstoffe als das Reaktionsgemisch, deshalb können je nach Lichtqualität die Farben abweichen und damit erhebliche Ablesefehler entstehen.

Woher aber nach Feierabend noch Tageslicht nehmen? Licht von Leuchtstofflampen ist unbrauchbar, auch von solchen mit „5000 K Tageslichtfarbe"; das Farbspektrum sämtlicher Leuchtstofflampen ist ungleichmäßig, es besteht aus massiven Farb-Schwerpunkten und -Löchern! Gut geeignet ist helles Glühlampenlicht, das durch ein passendes Blaufilter korrigiert wird. Teure Spezialleuchten sind nicht erforderlich. Es genügt, beim Farbvergleich durch ein handliches B12-Blaufilter aus dem Fotogeschäft zu schauen, wie es für Tageslichtfilme bei Kunstlicht benutzt wird. Die richtige Anwendung zeigt Bild B4-3.

Hat das Wasser eine Eigenfärbung (Schwarzwasser, Torffilterung usw.), überlagern sich Eigenfarbe und Reaktionsfarbe zu einem schwer auswertbaren Gemisch. Hier helfen so genannte „Komparatoren", mit deren Hilfe zwei Wasserproben miteinander verglichen werden können: die eine wird wie üblich mit den Reagenzien versetzt und reagiert farbig; die andere bleibt unbehandelt und dient als Farbfilter zum Betrachten der Farbskala. So wird die Eigenfarbe des Wassers kompensiert. Bild C4-4 auf Seite 31 zeigt ein Beispiel für einen solchen Komparator-Test.

B4-3: Mit einem vor das Auge gehaltenen Blaufilter (Filtergrad B 12, Fotogeschäft) lassen sich bei hellem Glühlampenlicht die Farben sicher vergleichen. Licht von Leuchtstofflampen, auch von so genannten Tageslicht-Leuchtstofflampen, ist völlig ungeeignet!

5. Die Messergebnisse

Es hat sich bewährt, stets genau Protokoll zu führen. Darin werden nicht nur die gefundenen Messergebnisse notiert, sondern auch besondere Ereignisse, wie zum Beispiel Wasserwechsel, Fischzugänge, Lampenwechsel, Einbau der CO_2-Anlage und so weiter. Manchem mag das pingelig vorkommen, doch die Praxis zeigt immer wieder, dass beim Nachlesen älterer Protokolle mancher Pflegefehler erkannt und künftig vermieden werden kann.

Das Aquarium enthält, wie jedes biologisch intakte Gewässer, eine kaum übersehbare Vielfalt an makro- und mikrobiellen Lebewesen. Deren Aktivitäten und damit naturgemäß auch deren Stoffwechsel unterliegen ständigen Schwankungen. Folglich unterliegt auch die chemische Zusammensetzung des Wassers Schwankungen. Ein einzelner Messwert hat deshalb nur eine beschränkte Aussagekraft, und eine chemische (Voll-)Analyse ist stets nur eine Momentaufnahme des Biotops. Erst bei längerer analytischer Beobachtung und strikter Protokollführung lassen sich die Messwerte und ihre Schwankungen richtig deuten und damit das Biotop verlässlich beurteilen.

Viele Messwerte ändern sich innerhalb weniger Tage, manche sogar innerhalb von Stunden, beispielsweise O_2, CO_2 und pH-Wert. Deshalb muss im Protokoll außer dem Datum auch die Uhrzeit notiert werden. Es ist biologisch ein großer Unterschied, ob 30 mg/l CO_2 am Morgen oder am Abend gemessen werden.

Anfänger neigen dazu, den Wert einer Einzelmessung stark zu überschätzen. Das Wasserklima setzt sich aus sehr vielen Komponenten zusammen, die oft miteinander verkoppelt sind. So ist ein hoher Ammoniumgehalt nur dann gefährlich, wenn zugleich auch der pH-Wert hoch ist. Oder ein niedriger pH-Wert nur dann, wenn die Karbonathärte hoch ist und so weiter. Darauf wird in den einzelnen Kapiteln näher eingegangen. Es ist ähnlich wie in einem Orchester: Die Gesamtheit aller Instrumente entscheidet über den Wohlklang! Allerdings sei zugegeben: Wenn ein wichtiges Instrument, hier also ein Analysenergebnis, arg danebenliegt, dann kann schon Schlimmes passieren!

Die Ergebnisse sollen mit höchstens zwei Stellen angegeben werden, also beispielsweise 14 °d GH (nicht 14,3) oder 7,2 pH (nicht 7,24). Es mag sein, dass auf der Skala drei- oder mehrstellige Werte ablesbar sind, aber die Abstufung einer Skala, also die Skalenauflösung, hat überhaupt nichts zu tun mit der Messgenauigkeit! Dreistellige Angaben in der Aquaristik täuschen eine Genauigkeit vor, die überhaupt nicht vorhanden ist. Sie sind deshalb blanker Unsinn! Aquarienübliche Wassertests haben oft erhebliche Messfehler; ich habe Abweichungen bis zu 30 % festgestellt. Sie sind zum Teil durch Alterung bedingt, liegen aber meist im Messverfahren selbst, zum Beispiel in der schwankenden Tropfengröße oder ungenauen Probenmenge. Bei gewissenhafter Arbeit kann eine Genauigkeit von kaum besser als 10 % erzielt werden. Das reicht aquaristisch völlig aus! Auch bei den oftmals dreistelligen digitalen pH-Metern und Leitfähigkeitsmessern ist trotz sorgfältiger Handhabung nur Verlass auf zwei Stellen.

Das Ergebnis „Null“ mg/l gibt es nicht! Grundsätzlich ist in jedem Wasser alles nachweisbar! Es kommt allein auf den Analysenaufwand an. Wird beispielsweise bei einer Eisenmessung keine Farbreaktion erhalten, so bedeutet das keineswegs, dass kein Eisen enthalten ist. Es bedeutet nur, dass die Mengen zu gering sind, um mit d i e s e m Eisentest noch nachweisbar zu sein. Hat dieser Eisentest als niedrigsten Skalenwert beispielsweise 0,05, dann lautet das Ergebnis nicht etwa „0“, sondern „< 0,05 mg/l Fe“. Das Zeichen < bedeutet „kleiner als“.

So wird häufig in Reiseberichten sehr diffus angegeben: „Härte = 0 °d“. Mit dieser Aussage kann man nur wenig anfangen. Richtig wäre vielmehr je nach dem benutzten Test: „< 1 °d “oder „< 0,2 °d“. Dann wüsste der Leser entschieden mehr über das Biotop, denn die Angaben 1 bzw. 0,2 °d unterscheiden sich um den Faktor fünf!

Ein üppiges Pflanzenbiotop im tiefen Regenwald Süd-Thailands, in dem auch Cryptocorynen und die so begehrte *Barclaya longifolia* prächtig gedeihen. Wasseranalysen im Teil E, Süd-Thailand Ban Lam Kaen.

Die angegebenen Grenzwerte haben keinerlei Beziehung zur gesetzlichen Trinkwasserverordnung, sondern sind Erfahrungswerte aus der Fischerei- und Aquarienpraxis. Weil die Verträglichkeit vieler Stoffe abhängt von der Gegenwart oder Abwesenheit anderer Stoffe, vom pH-Wert oder von der Redoxspannung, dürfen die Grenzwerte keinesfalls als strikt verbindlich angesehen werden! So ist beispielsweise das Kupfer je nach Gehalt an chelatisierenden organischen Verbindungen verschieden stark wirksam. Auch können Fische unterschiedlich reagieren je nach Art, Geschlecht, Größe, Gesundheit, Fütterungszustand und so weiter. Es wurde versucht, die Grenzwerte so anzugeben, dass sie in der normalen Aquarienpraxis auch unter weniger günstigen Umständen genügend Sicherheit bieten. Eine Garantie kann aus genannten Gründen nicht übernommen werden.

In der Wasserchemie werden auch weniger bekannte Maßeinheiten verwendet. Eine Übersicht zeigt Tabelle B5-A.

Tabelle B5-A: In der Wasserchemie häufig verwendete Maßeinheiten

Abkürz.	Bedeutung	Erläuterungen
g/l mg/l µg/l	Gramm pro Liter Milligramm pro Liter Mikrogramm pro Liter	In Deutschland allgemein benutztes Maße. 1000 mg/l = 1 g/l. 1000 µg/l = 1 mg/l.
°d	Deutsche Grad	Sehr bekanntes Härtemaß. Andere Härtemaße siehe bei Gesamt- und Karbonathärte.
ppm ppb	parts per million parts per billion	Gewichtsteile pro Million, entspricht mg/l. 1000 ppb = 1 ppm.
mol/l mmol/l	Mol pro Liter Millimol pro Liter	Gramm pro Liter geteilt durch das Molekulargewicht des betreffenden Stoffes. 1000 mmol/l = 1 mol/l.
val/l mval/l	Val pro Liter Millival pro Liter	Entspricht dem Maß mol/l dividiert durch die Wertigkeit des betreffendes Stoffes. 1000 mval/l = 1 val/l.

C. Diagnose und Therapie

0. Warnung

Im Wasser können unzählig viele verschiedene Stoffe gelöst sein. Für die Aquaristik sind jedoch nur relativ wenige Inhaltsstoffe beziehungsweise chemo-physikalische Parameter von Bedeutung; auf die Wichtigsten wird in den folgenden Kapiteln eingegangen. Grundsätzlich kann das Aquarienwasser also mehr Stoffe enthalten, als in diesem Buch erwähnt sind.

In den meisten Kapiteln ist auch beschrieben, wie die Wasserzusammensetzung korrigiert werden kann. Jedoch sollten nur wirklich notwendige Korrekturen durchgeführt werden, also zum Beispiel wenn ein Grenzwert überschritten ist und deshalb Gefahr droht. Denn:

Eine Wasserstelle im Zentralgebirge von Sri Lanka, aus der Röhren herausführen zur Wasserversorgung eines Dorfes. Die Schüttung der Quelle ist so kräftig, dass der Sand wild aufquirlt. Ein dichter Bestand von *Cryptocoryne beckettii* säumt die Quelle und zeugt von einem gesunden Wuchsklima. Das Wasser hat einen Sauerstoffgehalt von nur 2,5 mg/l, ein für solche üppigen Pflanzenbiotope typischer Wert. Wasseranalysen im Teil E, Sri Lanka Madawala.

- Jede Veränderung des Wassers bedeutet Neuanpassung und damit Stress für die Bewohner. In krassen Fällen können sogar latente Krankheiten ausbrechen oder der Pflanzenwuchs stocken.

- Fast jede Korrektur bewirkt zugleich – meist unerwünschte – Änderungen anderer Komponenten, denn Ionen sind nicht als Einzelware erhältlich, sondern nur in Verbindung mit einem Partner. So zum Beispiel wird beim Erhöhen des Kaliumgehaltes durch Zugabe von Kaliumchlorid zwangsläufig auch der Chloridgehalt erhöht.

- Das natürliche Mengenverhältnis der Ionen zueinander soll möglichst erhalten bleiben, denn an dieses „Standard-Ionenverhältnis" sind alle Süßwasserorganismen grundsätzlich mehr oder weniger angepasst.

Sind erhebliche Änderungen der Wasserzusammensetzung notwendig, so müssen sie stufenweise durchgeführt werden. Zwischendurch sind jeweils einige Tage Anpassungszeit für die Bewohner zu empfehlen, wenn nicht gerade akute Gefahr droht.

Vor jeder Korrektur der Wasserzusammensetzung steht unbedingt die Analyse! Jede wasserchemische Maßnahme ohne Kenntnis des Ist-Zustandes bedeutet Leichtsinn und Verantwortungslosigkeit gegenüber den Pfleglingen im Aquarium.

1. Ammonium NH_4^+

Bedeutung. In jedem Aquarium fallen organische Verbindungen an, beispielsweise in Form von Futterresten oder Fischkot. Ein Großteil davon sind Eiweiße, also organische Verbindungen mit etwa 15 bis 18 % Stickstoffgehalt. Beim oxidativen Reinigungsprozess, wie er unter Bakterienhilfe in biologisch eingefahrenen Aquarien und besonders konzentriert in Aquarienfiltern abläuft, wird der zuvor organisch gebundene Stickstoff in anorganischer Form freigesetzt als Ammonium:

Eiweiße → Peptide → Aminosäuren → Ammonium

Im hygienischen Sinne ist das Ammonium-Ion NH_4^+ ein Verschmutzungs-Indikator, doch ist es relativ harmlos. Aber bei höherem pH-Wert, also höherem Angebot an OH^--Ionen, wandelt sich ein Teil davon um in Ammoniak (NH_3):

$$NH_4^+ + OH^- \leftrightarrow NH_3 + H_2O$$

Ammoniumhydroxid ↔ Ammoniak + Wasser

Ammoniak ist ein giftiges Gas, das die Zellwände ähnlich leicht durchdringen kann wie Sauerstoff und Kohlendioxid. Gelangt zu viel Ammoniak in die Zelle, so steigt der pH-Wert im Zellsaft derart hoch an, dass lebenswichtige Funktionen blockiert werden.

Der Anteil des giftigen Ammoniaks im Wasser wächst mit dem pH-Wert. Sinkt der pH-Wert wieder, so wandelt sich das Ammoniak wieder zurück zum ungiftigen Ammonium-Ion. Dieser Prozess verläuft spontan ohne Bakterienhilfe; er ist beliebig oft wiederholbar.

Wenn der pH-Wert zum Beispiel durch Teilwasserwechsel oder CO_2-Mangel ansteigt, kann es zur Freisetzung von giftigem Ammoniak und damit zu Fischverlusten kommen. Häufig wird die Ursache nicht richtig erkannt: Die Fische sind in solchen Fällen nicht etwa am Frischwasser oder am höheren pH-Wert gestorben, sondern an Ammoniak-Vergiftung!

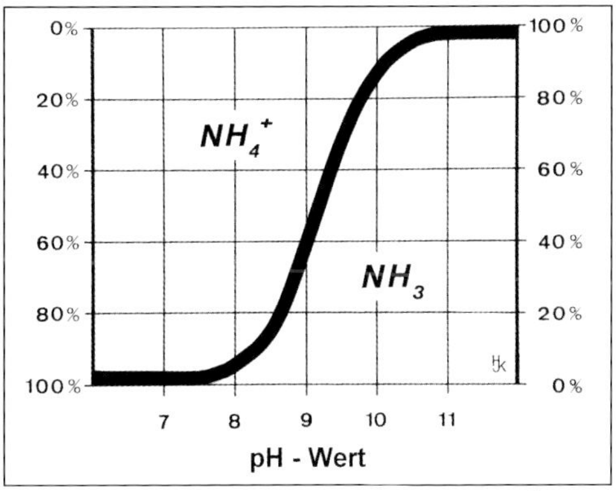

Bild C1-1: Anteile des NH_4/NH_3-Gemisches je nach pH-Wert (bei 25 °C). Zum Beispiel: Vom NH_4/NH_3-Gemisch liegen bei pH = 8,0 etwa 6 % als giftiges Ammoniak vor.

Ammonium beziehungsweise Ammoniak entsteht nicht nur bei der bakteriellen Zerlegung der Proteine. Fische scheiden täglich etwa 0,03 % ihres Gewichtes an Ammoniak aus und zwar hauptsächlich über die Kiemen.

Für die Aquarienpflanzen ist Ammonium eine wertvolle und sehr bevorzugte Stickstoffquelle. Gutwüchsige Wasserpflanzen nehmen pro Gramm Frischgewicht täglich bis zu 0,1 mg Ammonium auf. In den meisten Aquarien fällt jedoch mehr Ammonium an, als der Pflanzenbestand verarbeiten kann. So entsteht mit der Zeit ein Überschuss, der im Normalfall durch Bakterien weiteroxidiert wird über Nitrit zu Nitrat (für Einzelheiten siehe dort).

Ist dieser Oxidationsprozess gestört oder wird zu viel Ammonium beziehungsweise Ammoniak produziert, kann es sich anhäufen. Das passiert beispielsweise, wenn zu viel Futter in das Aquarium gegeben wird. Gefährlich sind insbesondere stoßweise Überlastungen, beispielsweise wenn eine Futterdose in das Wasser fällt. Ganz besonders gefährdet sind neu eingerichtete Aquarien mit neuen Filtermaterial, weil darin sich noch keine leistungsfähigen Bakterienkolonien angesiedelt haben, die das Ammoniak zügig weiteroxidieren über Nitrit zum Nitrat.

Messung. Zur Messung des Ammonium beziehungsweise Ammoniak-Gehaltes sind zwei Verfahren gebräuchlich. Beide messen stets den Gesamtgehalt an Ammonium plus Ammoniak; weil die Mischung abhängig ist vom pH-Wert, ist eine Beurteilung des Messergebnisses erst möglich nach Bestimmung des pH-Wertes. Dabei hilft Tabelle C1-A.

Achtung: Bei beiden Verfahren unbedingt Hautkontakt mit der Wasserprobe vermeiden! Falschmessung möglich, denn Hautschweiß kann Ammoniak enthalten!

Nessler-Verfahren. Bei diesem von Julius Nessler (1827 - 1905) entwickelten Verfahren gibt man in die Wasserprobe nacheinander drei Reagenzien: Seignettesalzlösung, Nesslers-Reagenz und Natronlauge. Bei Anwesenheit von Ammonium/Ammoniak entsteht eine gelbbraune Trübung, die mit einer Farbskala verglichen wird. Nesslers-Reagenz und Natronlauge können auch in einer einzigen Tropfflasche vereint sein; das vereinfacht die Handhabung, verkürzt aber die sonst hohe Haltbarkeit der Reagenzien. Nesslers-Reagenz enthält etwa 5 % Quecksilber; es ist deshalb giftig und seit 1993 nicht mehr allgemein zugelassen. Alternativ

Tabelle C1-A: Anteil des giftigen Ammoniaks je nach pH-Wert in mg/l

Gesamtgehalt NH_4+/NH_3	pH-Wert 6,0	6,5	7,0	7,5	8,0	Bewertung
0,1 mg/l	<0,001	<0,001	0,001	0,002	0,006	
0,2 mg/l	<0,001	<0,001	0,001	0,004	0,011	harmlos
0,3 mg/l	<0,001	0,001	0,002	0,006	0,017	
0,4 mg/l	<0,001	0,001	0,002	0,008	0,023	
0,5 mg/l	<0,001	0,001	0,003	0,009	0,029	
0,8 mg/l	<0,001	0,002	0,005	0,015	0,046	
1,0 mg/l	<0,001	0,002	0,006	0,019	0,057	ab 0,02
1,2 mg/l	<0,001	0,002	0,007	0,023	0,069	kritisch
1,5 mg/l	<0,001	0,003	0,009	0,028	0,086	
2,0 mg/l	0,001	0,004	0,012	0,038	0,114	
4,0 mg/l	0,002	0,008	0,024	0,075	0,229	
6,0 mg/l	0,004	0,011	0,036	0,113	0,343	ab 0,2 akut
8,0 mg/l	0,005	0,015	0,048	0,150	0,457	gefährlich

Beispiel: Es werden 0,5 mg/l Ammonium/Ammoniak Gesamtgehalt gemessen und pH = 7,0. Dann beträgt der Anteil an giftigem Ammoniak 0,003 mg/l. Das ist weit unterhalb der kritischen Grenze von 0,02 mg/l.
Die Tabelle gilt für 25 °C. Je 1 °C höherer/niedrigerer Temperatur sind bis zu 8 % höhere/niedrigere Werte vorhanden.

wird das Verfahren nach Berthelot benutzt, dessen Empfindlichkeit allerdings etwas geringer ist.

Verfahren nach Berthelot (Indophenolblau-Methode). Es werden ebenfalls drei Reagenzien benötigt, die jedoch relativ harmlos sind. Das Reaktionsprodukt färbt von gelb über grün nach blau. Auch dieses Verfahren ist schon sehr lange bekannt, gewann aber erst ab 1985 größere Bedeutung. Die Berthelot-Reagenzien sind nicht so gut haltbar wie die Nessler-Reagenzien; regelmäßige Funktionskontrollen sind zu empfehlen. Ein Beispiel für einen Berthelot-Ammoniumtest aus dem Laborhandel zeigt Bild C1-2.

Prüfung. Es werden 0,297 g Ammoniumchlorid NH_4Cl in 500 ml Wasser gelöst. Nach Verdünnung 1:100 erhält man eine Prüflösung mit 2,0 mg/l NH_4^+-Ionen.

Orientierende Schnellprüfung auf Funktion: Viele Haushaltreiniger sowie Urin enthalten sehr große Mengen an Ammonium/Ammoniak.

Grenzwerte. Die WHO-Richtzahl für Trinkwasser beträgt 0,05 mg/l NH_4; nach der EG-Richtlinie dürfen nicht mehr als 0,5 mg/l enthalten sein. In eingefahrenen Aquarien gelten etwa 0,1 bis 0,4 mg/l NH_4^+/NH_3-Gesamtgehalt als normal. Wesentlich höhere Werte weisen hin auf ungenügende Filterung oder überbesetzte Aquarien.

Gefährlich ist, wie erwähnt, nicht das Ammonium-Ion NH_4^+, sondern das Ammoniak-Gas NH_3. Bei Dauereinwirkung muss bereits ab 0,02 mg/l Ammoniak mit Schädigungen gerechnet werden. Ab 0,20 mg/l Ammoniak nimmt die Atmung deutlich zu, und nach wenigen Tagen sind Todesfälle zu erwarten.

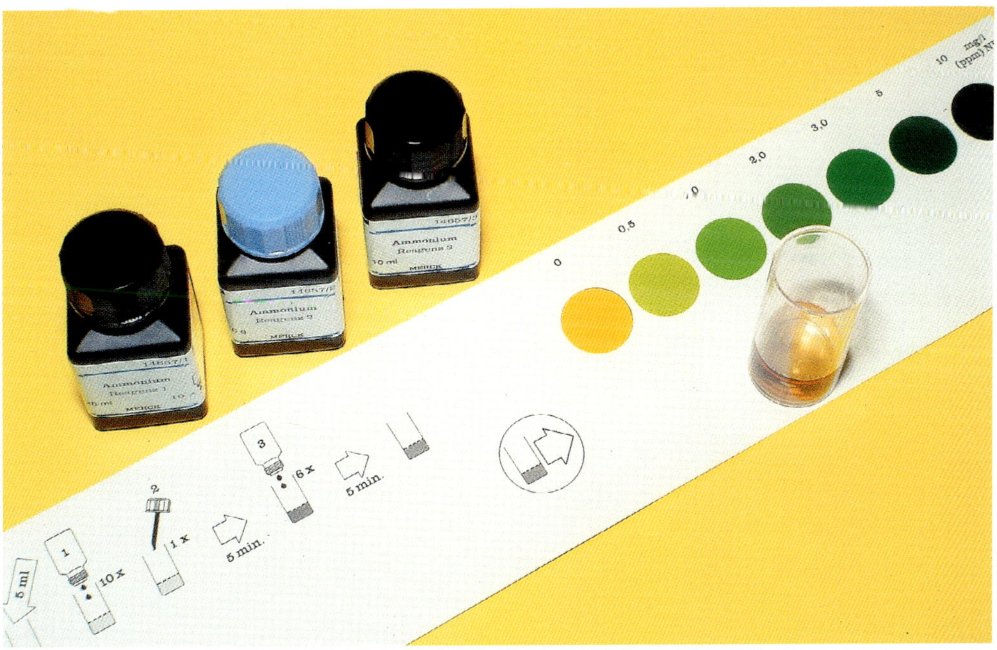

Bild C1-2: Bei diesem Ammoniumtest aus dem Laborhandel (Merck Nr. 111117) beträgt der kleinste Skalenwert 0,5 mg/l NH_4; jedoch lassen sich auch kleinere Werte um 0,2 mg/l genügend sicher abschätzen.

Erhöhen. Unerwünscht.

Senken. Ein zu hoher Ammonium/Ammoniakgehalt wird am einfachsten durch Wasserwechsel herabgesetzt. Der pH-Wert muss dabei beachtet werden; Gefahr kann drohen, wenn der pH-Wert dabei ansteigt, siehe Kapitelanfang.

Bei ständig erhöhter Konzentration ist das Aquarium überlastet. Dann muss der Fischbesatz drastisch reduziert oder ein Filter mit höherer Leistung installiert werden.

C2. Chlor Cl_2

Bedeutung. Chlor muss streng unterschieden werden vom Chlorid (siehe dort). Chlor ist ein giftiges Gas. Es wiegt 2,5 mal schwerer als Luft, kann also eine Bodenschicht bilden. Chlor ist ein starkes Oxidationsmittel, es zerstört schon in geringer Konzentration tierisches und pflanzliches Gewebe. Chlor hat einen typischen Geruch nach Hallenbad. Bereits 0,0001 % Cl_2 in der Luft reizen die Atemwege.

Chlor wirkt stark desinfizierend. Deshalb wird es mitunter dem Wasser zugesetzt, um Keime aller Art zu vernichten. In den USA gilt jedes Trinkwasser als verdächtig, das nicht kräftig nach Chlor riecht. In der Bundesrepublik jedoch wird das Trinkwasser nur in besonderen Fällen gechlort, so beispielsweise bei der Wassergewinnung aus Talsperren oder beim Reinigen von Wasserbehältern. Es dürfen bis zu etwa 0,6 mg/l Cl_2 zugesetzt werden. In der Regel ist das Meiste davon abgebaut, ehe das Wasser den häuslichen Zapfhahn erreicht hat.

In der deutschen Aquarienpraxis spielt das Chlor kaum eine Rolle. Nur selten kommt es vor, dass beim Aufdrehen des Zapfhahnes ein schwacher Geruch nach Hallenbad wahrnehmbar wird. Wahrscheinlich wurde ein nahegelegener Wassertank gereinigt und abschließend mit Chlor desinfiziert. Dann ist Vorsicht geboten!

Messung. Gebräuchlich sind Verfahren mit Diethylphenylendiamin (DPD), es bildet einen roten Farbstoff. Kaum noch benutzt wird das ortho-Tolidin; es reagiert auf Chlor und Ozon recht empfindlich mit Gelbfärbung, gilt aber krebserregend.

Chlortests dienen meist zur Überwachung von Schwimmbadwässern, darin sind Gehalte von 0,3 bis 0,6 mg/l üblich. Diese Tests messen üblicherweise erst ab 0,1 mg/l. Das ist für aquaristische Zwecke viel zu unempfindlich!

Chlortests für die Aquaristik sollten bereits bei 0,01 mg/l reagieren. Falls im Zoohandel nicht erhältlich, im Laborhandel nachfragen.

Man kann die Nachweisempfindlichkeit nötigenfalls folgendermaßen verbessern: Die zum Farbvergleich dienende Wasserschicht ist bei den meisten Tests nur etwa 1,5 cm dick. Anstelle des Original-Messgefäßes benutzt man ein schlankes Reagenzglas, das eine Füllhöhe von 15 bis 20 cm erlaubt, und gibt entsprechend der größeren Probenmenge mehr Reagenz hinzu. Beim Beurteilen der Farbreaktion blickt man von oben in das Glas hinein auf eine weiße Unterlage, wobei am besten ein gleichartiges Glas ohne Reagenzienzusatz danebengehalten wird. Durch die 15 bis 20 cm hohe Wasserschicht lassen sich nun auch wesentlich geringere Farbreaktionen erkennen und damit die Nachweisgrenze um der Faktor der nun dickeren Farbschicht erhöhen! Siehe auch bei der Messung von Kupfer auf Seite 55.

Die Haltbarkeit üblicher Chlortests ist beschränkt. Sie müssen insbesondere vor Licht geschützt werden.

Prüfung. Es werden 0,5 g Chloramin-T in 500 ml Wasser gelöst. Nach Verdünnung 1:250 erhält man eine Prüflösung, in der 0,5 mg/l Chlor nachweisbar sind. Die Lösung ist nur kurze Zeit haltbar. Chloramin-T, auch Tosylchloramid-Natrium genannt, ist in Apotheken als Desinfektionsmittel erhältlich, beispielsweise als Präparat „Clorina" in Tabletten je 0,5 g.

Grenzwerte. Aquarienwasser muss unbedingt chlorfrei sein. Bereits ab 0,05 mg/l muss mit Schädigungen gerechnet werden. Chlorgeruch ist erst ab etwa 0,2 mg/l wahrnehmbar.

Erhöhen. Unerwünscht.

Senken. Falls das Leitungswasser ausnahmsweise Chlor enthält, wartet man am einfachsten einige Tage mit der Wasserentnahme, bis wieder chlorfreies Wasser gezapft werden kann. Kann man nicht warten, lässt sich das Chlor auf verschiedene Weise aus dem Wasser entfernen:

1. **Chemisch.** Chlor reagiert mit Natriumthiosulfat summarisch gesehen wie folgt:

$$Na_2S_2O_3 + 4\,Cl_2 + 5\,H_2O \rightarrow 2\,NaHSO_4 + 8\,HCl.$$

Um 100 Liter Wasser mit 0,2 mg/l Cl_2 zu entchloren, kann man 7,15 ml einer 0,01 molaren Natriumthiosulfatlösung zusetzen (Laborhandel). Zugleich entstehen 0,17 mg/l Natriumhydrogensulfat und 0,21 mg/l Salzsäure, letztere zerstört knapp 0,02 °d KH, was aber aquaristisch nicht ins Gewicht fällt.

Das Verfahren setzt voraus, dass der Chlorgehalt genau bekannt ist. Ein Überschuss an Natriumthiosulfat ist zwar nicht so gefährlich wie ein Rest an Chlor, aber doch unerwünscht. Deshalb sind die folgenden Wege mehr zu empfehlen.

2. **Versprühen.** Das Wasser wird nicht unmittelbar dem Wasserhahn entnommen, sondern erst über die an der Wand befestigten Handbrause in möglichst weitem Bogen in die Badewanne gesprüht. Durch den intensiven Luftkontakt wird das gasförmige Chlor ausgetrieben. Der Raum sollte gut belüftet sein, damit das Chlor im weiteren Verlauf nicht wieder eingewaschen wird (Bild C2-1).

Bild C2-1: Durch Versprühen kann das Chlor leicht aus dem Wasser getrieben werden. Aus der Wanne wird das chlorfreie Wasser (prüfen!) mit einer hineingelegten Tauchpumpe zum Aquarium gefördert.

3. **Katalytisch.** Das Wasser wird langsam durch ein Filter mit Aktivkohle geleitet. An der Oberfläche der Aktivkohle reagiert das Chlor katalytisch, dabei läuft summarisch folgende Reaktion ab:

$$Cl_2 + H_2O \rightarrow 2\,HCl + 1/2\,O_2$$

Chlor	Wasser	Salzsäure	atomarer Sauerstoff

Der atomare Sauerstoff hat die durch die Chlorung beabsichtigte desinfizierende

Wirkung. An der Aktivkohle reagiert der atomare, aggressive Sauerstoff 1/2 O_2 zum harmlosen, molekularen Sauerstoff O_2. Die entstandene Salzsäure wird von den Härtebildnern aufgefangen; je 1 mg/l Chlorgehalt sinkt die Härte um 0,08 °d, was aquaristisch uninteressant ist.

Die Reaktion verläuft nur langsam, deshalb muss die Durchlaufgeschwindigkeit so gering sein, dass das ablaufende Wasser chlorfrei ist. Der Aktivkohlefilter wird ausführlich beschrieben in Krauses „Handbuch Aquarientechnik".

Anstatt das Wasser durch einen Aktivkohlefilter zu leiten, was etwas Installationsaufwand erfordert, kann man es auch in einen großen Behälter füllen, etwa eine Badewanne. Darin wird das Wasser über einen mit Aktivkohle beladenen Filter so lange umgewälzt, bis kein Chlor mehr nachweisbar ist. Ein kompakter Tauchfilter, den man komplett in die Wanne legen kann, leistet hervorragende Dienste.

C3. Chlorid Cl^-

Bedeutung. Chlorid muss streng unterschieden werden vom Chlor. Während das Chlor (Cl_2) ein sehr giftiges Gas ist, hat dasselbe Element in Ionenform als Chlorid (Cl^-) völlig andere Eigenschaften. Chlorid gilt als physiologisch unbedenklich, es ist beispielsweise zu 65 Gew.-% im Kochsalz (NaCl) enthalten. Wie das Standard-Ionenverhältnis zeigt (Seite 8), ist das Chlorid im Süßwasser das dritthäufigste Anion; es kommt darin vor mit etwa 5 bis 30 mg/l (Meerwasser um 18 500 mg/l). Wässer über etwa 100 mg/l Chlorid schmecken salzig.

Das Chlorid gilt nicht als Nährstoff, weder für Tiere noch für Pflanzen. Doch spielt es als Spurenelement im Wasserhaushalt der Zellen eine wichtige Rolle und kommt als Salzsäure in größeren Mengen vor im Magensaft. Das Angebot an Chloriden ist im allgemeinen viel höher, als die Organismen verwerten können. Ein starkes Überangebot schadet; das zeigen die Trinkwasserproble-

Pflanzen aus einem Seitenarm des Rio Cuiúni in einer Schale gesammelt: *Mayaca fluviatilis* (links), Spross mit Über- und Unterwasserform von *Cabomba schwartzii* (rechts), *Egleria fluctuans* (unten).

me bei Schiffbrüchigen und die Schäden an Straßenbäumen durch Streusalz im Winter.

Im Aquarium kann der Chloridgehalt allmählich ansteigen, wenn der regelmäßige Teilwasserwechsel unterbleibt und nur Leitungswasser als Ersatz für das verdunstete Wasser nachgefüllt wird. Auch jedes Futter enthält etwas Chlorid. Das gilt besonders für ungenügend abgespülte Salinenkrebse, die Tiere selbst enthalten nicht mehr Salz als andere Wassertiere auch.

Bei zügigem Pflanzenwuchs dagegen kann der Chloridgehalt allmählich sinken, denn Pflanzen nehmen über ihren winzigen Bedarf hinaus weit mehr Chlorid auf und speichern es.

In der Aquarienpraxis gilt das Chlorid als unkritisch. Deshalb sind regelmäßige Kontrollen im Allgemeinen nicht erforderlich.

Messung. In die Wasserprobe wird etwas Kaliumchromat als Indikator gegeben. Dann tropft man langsam eine Silbernitratlösung hinzu, diese bildet mit dem Chlorid einen weißen Niederschlag aus Silberchlorid. Sobald alles Chlorid gebunden ist, tritt überschüssiges Silbernitrat auf, und die Farbe des Indikators schlägt um von gelb nach orange. Die Menge des verbrauchten Silbernitrates ist Maß für den Chloridgehalt.

Aquaristisch geeignete Chloridtests sollten im Bereich von etwa 5 bis 50 mg messen können. Die Haltbarkeit der üblichen Reagenzien ist ausgezeichnet, sofern das Silbernitrat vor Licht geschützt wird (Silbersalze bilden die Grundlage der chemischen Fotografie).

Prüfung. Es werden 0,165 g Natriumchlorid (NaCl) in 500 ml Wasser gelöst. Nach Verdünnung 1:10 erhält man eine Prüflösung mit 20 mg/l Cl^--Ionen.

Für die Aquarienpraxis genügt als Natriumchlorid das Kochsalz aus der Küche, die geringen Gleitmittelzusätze, beispielsweise Calciumcarbonat, stören nicht.

Orientierende Schnellprüfung auf Funktion: Eine feuchte Fingerkuppe wird in Kochsalz getaucht und in einem kleinen Becherglas mit Wasser abgespült. Ein einwandfreier Chloridtest spricht auf diese NaCl-Menge deutlich an.

Grenzwerte. Die EG-Richtzahl für Trinkwasser beträgt 25 mg/l. Im Aquarium muss der Chloridgehalt stets beurteilt werden im Zusammenhang mit den übrigen Anionen im Wasser. Ein Anteil von ungefähr 6,3 % entspricht dem Standard-Ionenverhältnis (siehe Seite 8) und ist deshalb für die meisten Süßwasser-Organismen optimal. Daraus ergibt sich ein Richtwert von 1,7 mg/l Cl^--Ionen pro °d Karbonathärte.

Die meisten Organismen tolerieren erhebliche Abweichungen vom Standard. In seltenen Fällen können bei Fischen Vitalität und Wachstum gestört werden. Pflanzen reagieren bei höheren Chloridgehalten mit Wuchsverschlechterung und ab etwa 200 mg/l mit Gelbfärbung der Blätter. Pflanzen vergilben aber nur selten durch zu viel Chlorid, sondern viel öfter durch Eisenmangel!

Beim Dauergebrauch von so genannten „Nitratfiltern" (siehe im Kapitel „Nitrat") kann der Chloridgehalt unerwartet hoch ansteigen.

Erhöhen. Selten erforderlich. In 100 Liter Wasser wird durch 1,65 g Kochsalz der Chloridgehalt um 10 mg/l Cl^- erhöht. Gleichzeitig steigt der Natriumgehalt um 6,5 mg/l.

Senken. Selten erforderlich. Wasserwechsel durchführen, nötigenfalls mit entsalztem Wasser. Näheres siehe im Teil E.

4. Eisen Fe^{2+}/Fe^{3+}

Bedeutung. Das Eisen ist für alle Wirbeltiere und Pflanzen unbedingt lebensnotwendig. Die Fische, wie auch der Mensch, benötigen Eisen vor allem zur Bildung des roten Blutfarbstoffes Hämoglobin. Das Hämoglobin ist ein Eisenprotein und hat eine überaus wichtige Aufgabe im Blutkreislauf: Es wird in den Atmungsorganen mit Sauerstoff beladen und transportiert diesen in alle Teile des Körpers; auf seinem Rückweg nimmt es Kohlendioxid auf und transportiert es zu den Atmungsorganen zwecks Ausscheidung.

Auch Pflanzen benötigen Eisen, und zwar vor allem zur Bildung des Ferredoxin; Dieses Eisenproteid spielt bei der Fotosynthese eine zentrale Schlüsselrolle. Bei Eisenmangel kann das lebensnotwendige Blattgrün Chlorophyll nicht synthetisiert werden (Chlorophyll selbst ist eisenfrei), die Pflanzen bilden dann weiß-farblose Blätter und verkümmern. Außerdem benötigen Pflanzen das Eisen neben Molybdän als Katalysator bei der Ernährung mit Nitrat (siehe dort).

Ein Katalysator ist eine Substanz, die bereits in kleinsten Mengen chemische Reaktionen stark beschleunigt; der Katalysator erscheint nicht im Endprodukt und wird auch nicht verbraucht. Ein Beispiel: Probiere, ein Stück Würfelzucker anzuzünden. Streue etwas Zigarettenasche darauf und wiederhole den Versuch!

In natürlichen Gewässern kommt das Eisen in sehr unterschiedlichen Mengen vor. Grundwasserquellen enthalten regelmäßig reichlich Eisen bis zu einigen mg/l. In Oberflächenwässern, also Seen und Flüssen, liegt der Eisengehalt meist erheblich niedriger. Im Aquarienwasser fehlt es oft. Woran liegt das?

Das Eisen kann in zwei verschiedenen elektrischen Ladungsformen auftreten, und zwar in zweiwertiger Form als Fe^{2+}-Ion oder dreiwertig als Fe^{3+}-Ion. Damit eng verknüpft ist seine Lösungsfähigkeit: Fe^{2+}-Verbindungen sind regelmäßig wasserlöslich, während Fe^{3+}-Verbindungen bis auf besondere Ausnahmen nicht wasserlöslich sind.

Die Umwandlung des Eisens von der einen in die andere Form und zurück hängt ab von pH-Wert und Redoxspannung. Die Zusammenhänge zeigt Bild C4-1.

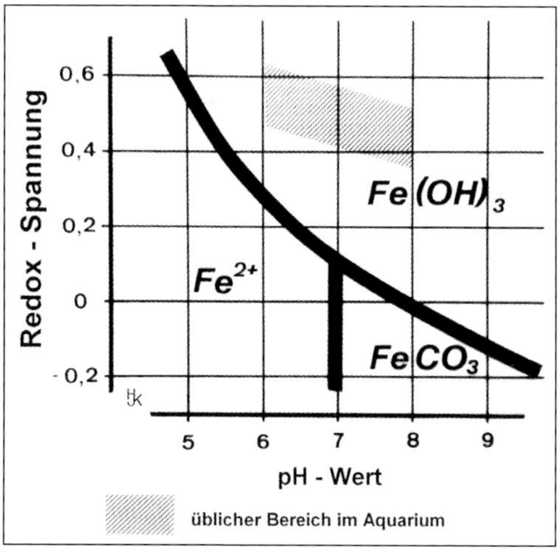

Bild C4-1: $Fe(OH)_3$ und $FeCO_3$ sind wasserunlösliche Fe^{3+}-Verbindungen. Nach Stumm und Morgan (1981): Aquatic Chemistry. Wiley, New York. (Leicht verändert).

Unter limnologischen und aquaristischen Bedingungen wird die Umwandlung des Eisens und damit seine Löslichkeit vor allem von der Redoxspannung bestimmt, die wiederum in diesen Wässern vom Sauerstoffgehalt geprägt wird. Siehe hierzu unter „Redoxspannung".

Messungen an natürlichen Gewässern zeigen: Liegt der Sauerstoffgehalt unter etwa 1 mg/l O_2, so existiert das Eisen regelmäßig als Fe^{2+}-Ion. Weil es in dieser Form wasserlöslich ist, sind in solchen Gewässern Eisenvorkommen bis zu einigen mg/l möglich. Ein typisches Beispiel dafür sind Grundwasserquellen; sie sind wegen ihres Nährstoffreichtums zumeist Pflanzenparadiese.

Wenn derartiges Quellwasser einige Zeit mit der Luft in Berührung war, hat es so viel Sauerstoff aufgenommen, dass die Fe^{2+}-Ionen in Fe^{3+}-Ionen übergehen. Dreiwertige Eisen-Ionen aber sind grundsätzlich nicht mehr wasserlöslich, sondern bilden unlösliche Verbindungen beispielsweise mit Phosphaten oder als Oxidhydrate, die als „Eisenocker" in Quellennähe ausfallen (Bild C4-2).

Auf diese Weise verarmt das Wasser an Eisen und wird schließlich eisenfrei. Ein ähnlicher Prozess läuft auch in vielen Aquarien ab und zwar vor allem in den Aquarienfiltern: Das sauerstoffhaltige Aquarienwasser verarmt ständig an Eisen, und der schwarzbraune Schlamm, der später beim Auswaschen des Filtermateriales herauskommt, ist extrem eisenhaltig! Siehe auch im Kapitel „Sauerstoff".

Das Eisen kann auch bei höherem Sauerstoffgehalt stabil im Wasser gelöst sein, sofern es eine so genannte Chelat- oder Komplexverbindung eingegangen ist. Dies sind Verbindungen mit bestimmten organischen

Bild C4-2: Sauerstoffarmes Quellwasser kann viele Fe^{2+}-Ionen enthalten. Bei Luftkontakt wird das Eisen zum Fe^{3+} oxidiert und fällt bald als brauner Eisenocker aus (Pfeil).
Quellgebiete sind, unter anderem wegen der ständigen Nachlieferung von Nährstoffen, regelmäßig Pflanzenparadiese.

Stoffen, so genannten Chelatoren, die verschiedene Kationen derart dicht umschließen können, dass sie nicht mehr zu eigenen Reaktionen fähig sind. Auch der chemische Nachweis der chelatisierten Kationen gelingt nicht mehr, sie sind scheinbar verschwunden oder, wie man auch sagt, „maskiert". Erst wenn das Chelat zerstört wird, kommen die maskierten Kationen wieder zum Vorschein. Außer Eisen können auch Aluminium, Blei, Cadmium, Calcium, Kupfer, Magnesium, Mangan, Zink und einige andere Elemente eine Chelatverbindung eingehen. In der Aquaristik spielt das Eisenchelat die wichtigste Rolle, denn in dieser Form bleibt das Eisen auch bei hohem Sauerstoffgehalt im Wasser gelöst (Bild C4-3).

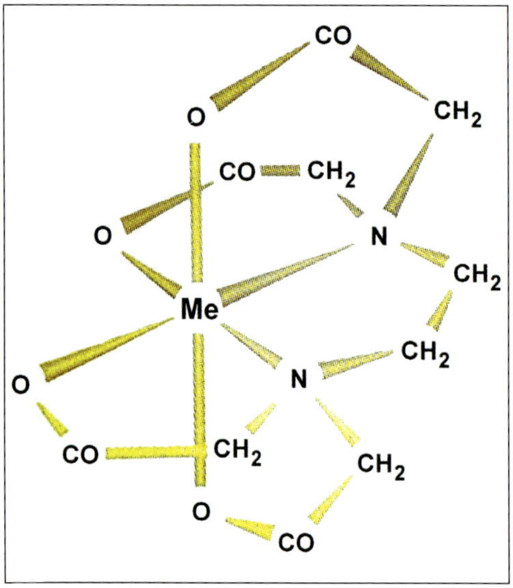

Bild C4-3: Beispiel für eine Chelatverbindung in räumlicher Darstellung. Das Metall (Me) ist vollständig umgeben vom Chelator (hier EDTA). Nach einem Prospekt der BASF.

Das Eisen kann sowohl in zweiwertiger als auch in dreiwertiger Form eine Chelatbindung eingehen. Beide Chelate sind sehr gut wasserlöslich, jedoch ist das Fe^{3+}-Chelat chemisch am stabilsten. So ist beispielsweise die Stabilitätskonstante beim Fe^{3+}-EDTA (lg k = 25) weitaus größer als beim Fe^{2+}-EDTA (lg k = 14), nämlich um den Faktor 10^{11}, also hundertmilliardenfach.

Pflanzen können das komplette Eisenchelat aus dem Wasser aufnehmen und im Netzwerk der Zellwände ihrer Wurzeln (Apoplast) bis zu den Zellmembranen transportieren (Mengel 1984). Der schützende Chelator wird aufgebrochen, und das Eisen kommt als Nährstoff innerhalb der Pflanze wieder zum Vorschein!

Chelatoren werden wegen ihrer Funktion auch Nährstoffträger genannt. Es eignen sich sowohl synthetische Produkte, wie etwa EDTA, NTA und besonders EDDHA, als auch viele natürliche organische Verbindungen (siehe dort). Zu letzteren gehören viele Stoffwechselprodukte im Aquarium sowie deren Abbaustufen. Hierin liegt einer der Gründe, weshalb in peinlichst sauber gefilterten Aquarien oftmals der Pflanzenwuchs stockt: Es mangelt an Chelatoren!

Aquarienwasser enthält regelmäßig mehr als 1 mg/l Sauerstoff, zweiwertige Eisenlonen werden deshalb stets oxidiert in die dreiwertige, wasserunlösliche Form. Das Eisen muss daher unbedingt als Eisenchelat gegeben werden, anderenfalls würde es sehr schnell wasserunlöslich werden und ausfallen.

Leider sind auch Eisenchelate im Aquarium nur begrenzt haltbar, denn die Chelatoren werden – wie alle organischen Verbindungen – in biologisch belebten Gewässern allmählich zerstört; der Schutzeffekt für das Eisen ist dann hinfällig, es wird oxidiert und fällt aus. Je nach Einzelfall kann der Prozess einige Tage oder Wochen dauern. Dabei spielt weniger die Qualität des Chelators eine Rolle, sondern vor allem die Aktivität der Oxidanten im Filter (beachte den Sauerstoffgehalt!). Deshalb kann nicht vorausgesagt werden, wie lange eine Dosis Eisendünger vorhalten wird.

Im Filterschlamm der üblichen, oxidativ arbeitenden Aquarienfilter sammeln sich regelmäßig riesige Eisenmengen an. Messungen zeigen: Der braunschwarze Filterschlamm enthält oft 3 000 mg/l Eisen und mehr, während im Wasser desselben Aquariums nicht einmal Spuren von 0,01 mg/l nachweisbar sind! Woran liegt das? Im Filter laufen intensive, bakterielle Oxidationsprozesse ab, die die Chelatoren allmählich zerstören und dann das Eisen ausfallen lassen. Die meisten Aquarienfilter, insbesondere die Rieselfilter, zeigen sich deshalb bei näherer Untersuchung geradezu als Fallen für Eisen und für andere oxidationsempfindliche Spurenelemente!

Messung. Verbreitet ist der Nachweis mit 1,10-Phenanthrolin, dieses bildet mit Eisen einen orangeroten Farbkomplex. Gut geeignet sind auch Reagenzien mit Dipyridyl-Verbindungen, sie ergeben einen violetten Farbkomplex.

Beide Reagenzien weisen nur Fe^{2+}-Ionen nach. Im Aquarium aber existiert das Eisen fast ausschließlich als Chelat, deshalb müssen die Eisentests Zusätze enthalten zum Aufschluss der Eisenchelate und zum Reduzieren der Fe^{3+}-Ionen. Gut geeignet sind beispielsweise Thioglycol-Verbindungen, sie riechen allerdings unangenehm schweflig.

Bild C4-4: Ein professioneller Eisentest mit hoher Auflösung. Auf Grund des Komparator-Verfahrens liefert er auch in gefärbten Wässern, wie etwa im Schwarzwasser, verlässliche Werte (Merck 14403).

Ein Pflanzenbiotop mit dichten Beständen von *Limnophila* spec. und rosa blühenden *Utricularia* spec. Trotz der hellen, sonnigen Lage ist der Sauerstoffgehalt des Wassers erstaunlich niedrig (4 mg/l); eine Beobachtung, die in reichhaltigen Pflanzengewässern geradezu typisch ist. Wasseranalysen im Teil E, Süd-Thailand Klong Hin Noi.

Bei guten Eisentests ist die Farbtiefe der Wasserprobe nach wenigen Minuten voll entwickelt.

Ein Test, dessen Reaktionsfarbe bei mehrstündigem Stehenlassen allmählich kräftiger wird, enthält ungenügende Aufschluss- oder Reduktionsmittel. Man kann versuchen, den Aufschluss zu verbessern, indem man die Wasserprobe nach Zugabe der Reagenzien erwärmt. Hierzu benutzt man am besten ein Labor-Reagenzglas und hält es vorsichtig über eine Gasflamme; Achtung: Reagenzglasöffnung wegen möglicher heißer Spritzer schräg zur Seite halten.

Wenn bei Messungen von Aquarienwasser der Fe-Test nur langsam reagiert, könnte es sich auch um Eisen handeln, das fein verteilt unsichtbar im Wasser schwebt in Form wasserunlöslicher Partikel oder gebunden in Kleinst-Organismen. Filtriert man zuvor die Wasserprobe, erhält man ein entsprechend kleineres Messergebnis. Es versteht sich, dass derartiges Eisen für die Pflanzen nicht verfügbar ist.

Aquaristisch geeignete Eisentests sollen noch 0,05 mg/l Eisen nachweisen können, besser noch 0,01 mg/l, ein Beispiel zeigt Bild C4-4 auf Seite 31.

Die meisten Eisentests sind mehrere Jahre haltbar.

Prüfung. Es werden 0,249 g Eisensulfat ($FeSO_4 \cdot 7H_2O$) in 50 ml 1n-HCl gelöst und mit Wasser auf 500 ml aufgefüllt. Nach Verdünnung 1:1000 (in Stufen 1:100 und nochmals 1:10 ausgeführt) erhält man eine Prüflösung mit 0,1 mg/l Fe^{2+}-Ionen. Die Lösung ist nur kurze Zeit haltbar und muss sogleich verwendet werden.

Will man auch die Aufschlussfähigkeit prüfen, löst man 0,4 g Fetrilon® in 500 ml Wasser. Nach Verdünnung 1:100 und nochmals 1:10 erhält man eine Prüflösung mit rund 0,1 mg/l Eisen. Die Messgenauigkeit ist etwas geringer als beim ersten Verfahren, reicht aber für die Aquarienpraxis völlig aus. Fetrilon® enthält 13 % Eisen und bildet ein ziemlich stabiles Chelat, deshalb muss man bei den meisten Eisentests den Aufschluss durch Erwärmen verbessern.

Orientierende Schnellprüfung auf Funktion: Auf einen Eisengegenstand gibt man einen Tropfen einer beliebigen Säure (Essig, Citronensaft o.ä.). Nach kurzem Einwirken spült man mit etwas Wasser ab und prüft es auf Eisen.

Grenzwerte. Die Trinkwasserverordnung erlaubt bis zu 0,2 mg/l Fe. Für Aquarienpflanzen sind Werte von 0,03 bis 0,10 mg/l Eisen optimal. Unter 0,01 mg/l Eisen wird die Chlorophyll-Produktion gestört: Junge Blätter entwickeln sich nur kümmerlich und bleiben gelblich-farblos.

Eisengehalte über 0,20 mg/l sollten vermieden werden; sie verbessern nicht den Pflanzenwuchs, sondern schaden eher, weil andere wichtige Nährstoffe verdrängt werden.

Werden ausschließlich Fische gehalten, spielt der Eisengehalt eine untergeordnete Rolle, denn Fische decken ihren Eisenbedarf vor allem aus der Nahrung.

Sehr hohe Konzentrationen ab etwa 1 mg/l können fischschädlich sein. Das gilt weniger für Eisenchelate, sondern für Fe^{2+}-Ionen, die sich im Kiemenbereich als Eisencarbonate niederschlagen können. Solche Fälle wurden gelegentlich an stark eisenhaltigen Quellen beobachtet, nicht jedoch in Aquarien.

Erhöhen. Geeignet sind ausschließlich Eisenchelate. Deshalb enthalten die meisten Aquariendünger „Eisen mit Nährstoffträger“, also ein Eisenchelat.

Wenn kein Volldünger, sondern nur Eisen zugegeben werden soll, kann man das im Gartenbau bewährte Eisenchelat Fetrilon® benutzen. Es enthält 13 % komplex gebundenes Eisen. In 100 l Aquarienwasser wird der Eisengehalt um 0,1 mg/l erhöht durch Zugabe von 0,08 g Fetrilon®; das ist eine etwa erbsengroße Portion.

Alle Angaben zur Dosiswiederholung, wie etwa „jede Woche 1 Tablette“, sind nicht einmal als grober Richtwert brauchbar! Jedes Aquarium hat einen unterschiedlichen Eisenbedarf. Dieser schwankt je nach Beleuchtung, Filterung, Futter, Pflanzenwuchs und anderen Faktoren in weiten Grenzen. Anhäufungen oder Mängel lassen sich nur vermeiden, wenn vor jeder Eisendüngung erst der Eisengehalt im Wasser gemessen wird.

Senken. Selten erforderlich. Nötigenfalls Wasserwechsel.

Literatur

MENGEL (1984): Ernährung und Stoffwechsel der Pflanze, Fischer, S. 346

5. Härte, Gesamthärte GH

Bedeutung. Das Wasser hat je nach Herkunft und seinem Weg durch das Erdreich verschiedene Salze gelöst, und dem entsprechend kann seine Gesamthärte verschieden hoch sein. Sehr harte Wässer über 20 °d GH stammen regelmäßig aus Kalk-, Gips- oder Dolomitregionen. Sehr weiche Wässer mit nur 1 bis 2 °d GH findet man in Gebieten mit Basalt, Granit, Gneis oder Sandstein. Sehr weiche Wässer sogar unter 1 °d findet man oft in den Regenwäldern der Tropen, wo häufig Latosolböden vorkommen (das in der Aquaristik häufig erwähnte Laterit ist keine Bodenart, sondern extrem verhärtetes Eisenoxid). Keineswegs aber sind alle tropischen Wässer weich! Auch in den Tropen gibt es Kalkregionen mit entsprechend harten Wässern mit einer Gesamthärte 20 °d oder mehr.

Als Gesamthärte bezeichnet man die Summe der im Wasser gelösten, so genannten „Erdalkali"-Ionen. Es gibt vier Erdalkalien: Calcium, Magnesium, Barium und Strontium. Calcium und Magnesium sind die häufigsten Erdalkalien, während Barium und Strontium meist nur spurenweise anwesend sind.

Das Calcium (Ca) ist die Grundsubstanz für die verschiedenen Formen des Kalkes (CaO, $CaCO_3$ usw.). Deshalb ist Calcium unentbehrlich für die Fische zum Aufbau ihres Knochengerüstes. Auch Schnecken und Muscheln benötigen es für ihr Gehäuse. Außerdem spielt das Calcium eine wichtige Rolle bei der Zellwandbildung, der Zellteilung, im Nervensystem, letztlich also im gesamten Organismus.

Pflanzen benötigen nur sehr wenig Calcium. Mangelerscheinungen bei Aquarienpflanzen sind, auch in sehr weichen Wässern, nicht bekannt.

Das Magnesium (Mg) wird von Tieren nur als Spurenelement benötigt; es aktiviert den Zuckerabbau und kann die Erregbarkeit von Nerven und Muskeln beeinflussen.

Für Pflanzen ist Magnesium unentbehrlich. Es aktiviert unter anderem den fundamental wichtigen Citronensäurecyclus und bildet das Zentralatom im Chlorophyll, dem lebensnotwendigen Blattgrün. Im Aquarium sind Mangelerscheinungen, auch in sehr weichen Wässern, weder bei Tieren noch Pflanzen bekannt.

Barium (Ba), ein in reinem Zustand silberglänzendes Metall, ist in seinen wasserlöslichen Verbindungen grundsätzlich giftig. Es kommt aber in Natur- und Trinkwässern nur in derart geringen Spuren vor, dass keinerlei Bedenken bestehen, wie auch die Lebenserfahrung beweist. Über die physiologische Verwendung des Barium bei Tier oder Pflanze ist so gut wie nichts bekannt.

Strontium (Sr), ein silberweiß glänzendes Leichtmetall, verhält sich im Organismus ähnlich wie Calcium, lagert sich also vorzugsweise im Knochengerüst an. Auch die Pflanzen nehmen es auf. Über die physiologische Bedeutung des Strontium ist kaum etwas bekannt.

In den meisten natürlichen Wässern stellen Calcium und Magnesium den weitaus größten Anteil aller Kationen überhaupt, nämlich etwa 80 %. Daher gibt die Gesamthärte eine recht gute Vorstellung vom gesamten Salzgehalt des Wassers.

Die Bedeutung der Gesamthärte wird in der Aquaristik oft überschätzt. Erfolg oder Nichterfolg hängen meistens von anderen Faktoren ab, wie beispielsweise vom Gehalt an Sauerstoff, Kohlendioxid, Eisen und so weiter (siehe unter den einzelnen Stoffen). Beim Umsetzen von Tieren oder Pflanzen in

Wässer mit wesentlich abweichender Härte ist jedoch Vorsicht geboten; durch den wechselnden Gesamtsalzgehalt können Schäden auftreten infolge Osmose. Ausführliche Beschreibung im Kapitel „Leitfähigkeit“.

Messung. Einer Wasserprobe wird ein Indikatorfarbstoff zugesetzt, der sich leicht mit Ca- und Mg-Ionen verbindet und mit ihnen eine kräftige Farbe bildet. Dann tropft man langsam einen Chelator hinzu (z.B. Na-EDTA), der die Ca- und Mg-Ionen aus der Farbstoffverbindung herausreißt und an sich bindet. Sobald der Indikatorfarbstoff sämtliche Ca- und Mg-Ionen verloren hat, schlägt dessen Farbe um; die bis dahin verbrauchte Menge an Chelator ist Maß für die Gesamthärte. Ein gerne benutzter GH-Indikator ist zum Beispiel Eriochromschwarz T, dessen kräftige Farbe von Rot auf Grün umschlägt.

Oftmals sind Chelator und Indikator in einer einzigen Tropfflasche vereint, das erleichtert die Handhabung. Besonders bequem ist die Benutzung von Tauchstäbchen, wegen der sehr groben Abstufung sind allerdings nur orientierende Messungen möglich (Bild C5-1).

Die Maßeinheit für die Gesamthärte 1 °d wurde um das Jahr 1900 definiert als der Gehalt von 10,00 mg/l CaO oder 7,19 mg/l MgO. Kurioserweise sind beide Verbindungen nicht wasserlöslich, es wird aber auf diese umgerechnet. Um 1960 wurde gemessen: Gehalt an Erdalkali-Ionen in Millival pro Liter (mval/l). Seit etwa 1990 ist gesetzlich festgelegt: Erdalkali-Ionen in Millimol pro Liter (mmol/l). Um 2000 tauchte als US-Import auf: Gehalt an Calciumcarbonat ($CaCO_3$) in mg/l; in den USA wird anstelle von mg/l das ppm (parts per million) benutzt,

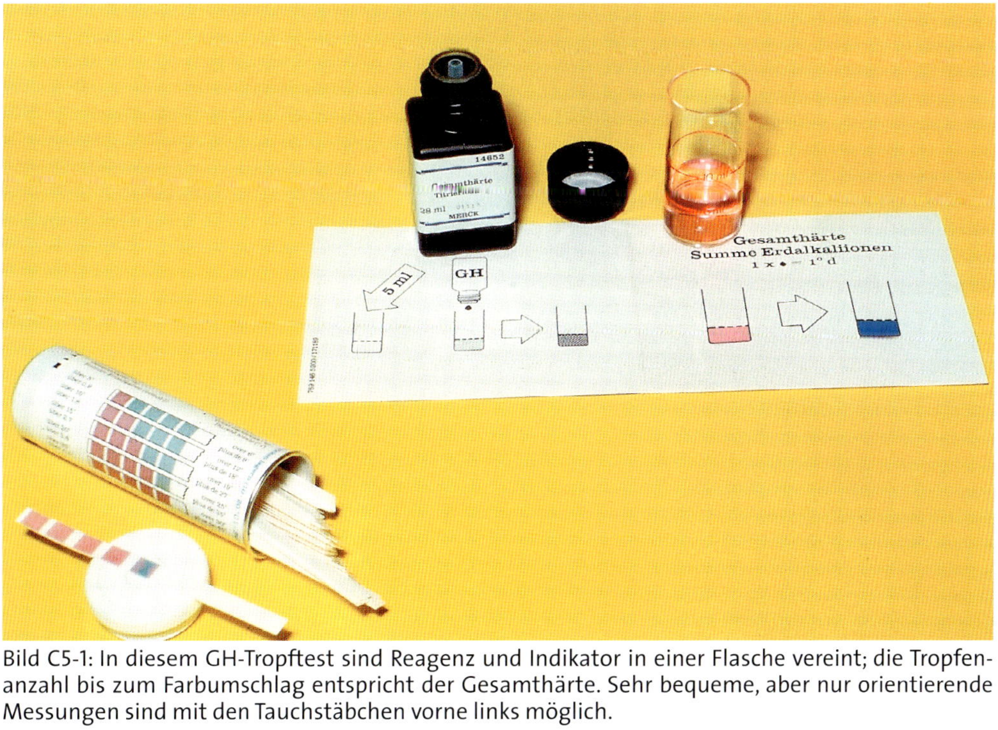

Bild C5-1: In diesem GH-Tropftest sind Reagenz und Indikator in einer Flasche vereint; die Tropfenanzahl bis zum Farbumschlag entspricht der Gesamthärte. Sehr bequeme, aber nur orientierende Messungen sind mit den Tauchstäbchen vorne links möglich.

wobei der Betrag derselbe ist. Auch hier die Kuriosität, dass es nur ein fiktiver Gehalt ist, denn $CaCO_3$ ist bekanntlich wasserunlöslich.

Von den gesetzlich vorgeschriebenen Wechseln unbeeindruckt hat sich im Alltag das Maß °d (Deutsche Grad) gehalten. Es ist zwar veraltet, jedoch nach wie vor sehr gebräuchlich. Weil es im Alltagsgebrauch am besten verstanden wird und Vorteile bei der Beurteilung im Zusammenhang mit der Karbonathärte bietet (siehe dort), wird das Maß °d auch in diesem Buch noch verwendet.

Bei der Umrechnung in andere Maße hilft Tabelle C5-A.

Bei der häufiger gebrauchten Umrechnung zwischen Deutscher Gesamthärte °d GH und Erdalkali-Ionen mmol/l hilft die Rechenskala Bild C5-2.

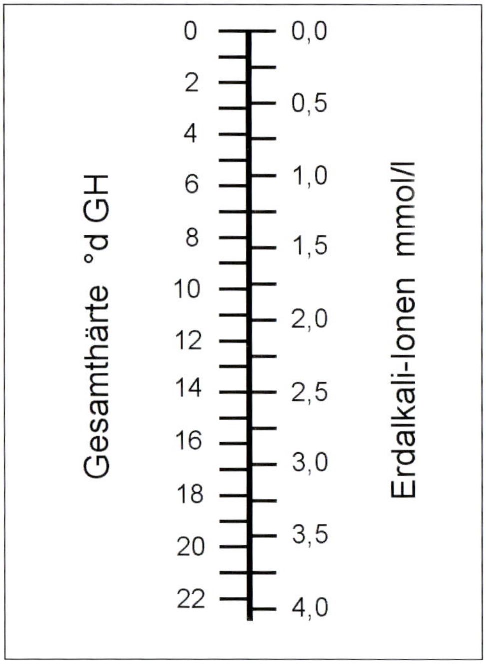

Bild C5-2: Umrechnung von Deutscher Gesamthärte in Erdalkali-Ionen und umgekehrt.

Vielfach sind der Indikatorfarbstoff und das eigentliche Messreagenz (hier der Komplexbildner) in einer einzigen Tropfflasche vereint. Das erleichtert die Handhabung. Die Anzahl der bis zum Farbumschlag verbrauchten Tropfen entspricht üblicherweise der Gesamthärte in °d (Deutsche Grad).

Messungen in Wässern über 3 °d GH gelingen problemlos. Bei weniger als 3 °d werden nur 1 bis 2 Tropfen benötigt; dabei gelangt jedoch zu wenig Indikator in die Probe, und der Farbumschlag ist nicht erkennbar. Deshalb müssen bei sehr weichen Wässern GH-Reagenzien mit getrenntem Farbindikator benutzt werden (Zwei-Flaschen-Set). Zur Messung nimmt man eine 10 fach größere Wasserprobe und gibt so viel Farbindikator

Tabelle C5-A: Umrechnung der Einheiten für die Gesamthärte

		°d	mmol/l	mg/l	°e	°f
Deutsche Grad	1 °d =	–	0,179	17,8	1,253	1,78
Erdalkali-Ionen	1 mmol/l =	5,60	–	100,0	7,02	10,00
$CaCO_3$ (= 1 °US)	1 mg/l =	0,056	0,010	–	0,070	0,10
Englische Grad	1 °e =	0,798	0,142	14,3	–	1,43
Französische Grad	1 °f =	0,560	0,100	10,0	0,702	–

Beispiel: 3 mmol/l = 3 x 5,60 °d = 16,80 °d GH

hinzu, bis die Probe genügend gefärbt ist. Dann erst wird das eigentliche Messreagenz hinzugetropft, wobei jeder bis zum Erreichen des Farbumschlages erforderliche Reagenztropfen 1/10 °d zählt. So sind Messungen bis herab zu 0,1 °d möglich! Färbt sich die Probe bereits sofort nach der Zugabe des Farbindikators um, sind mindestens 0,05 °d vorhanden.

Prüfung. Eine Prüflösung mit einer Gesamthärte von 20,0 °d erhält man durch Auflösen von einer der folgenden Substanzen in 500 ml entsalztem Wasser:

0,262 g $CaCl_2 \cdot 2H_2O$, oder
0,326 g $CaCl_2 \cdot 4H_2O$, oder
0,390 g $CaCl_2 \cdot 6H_2O$.

Grenzwerte. Sie sind stark abhängig von den aquaristischen Zielvorstellungen. Weiches bis mittelhartes Wasser zwischen etwa 4 und 14 °d GH ist für Aquarienpflanzen und die Haltung so gut wie aller Aquarienfische bestens geeignet, die meisten lassen sich auch darin züchten. Gesamthärten von 20 °d und darüber werden in der Regel problemlos toleriert.

Bei der Zucht aber benötigen nicht wenige Fischarten eine Gesamthärte, die der ihrer Heimatgewässer ähnlich ist. So beispielsweise ist für die Zucht einiger Cichliden aus dem Tanganjika- und Malawisee Wasser mit etwa 8 bis 14 °d GH erforderlich. Dagegen verlangen manche Fischarten aus Weichwassergebieten, etwa Diskus oder Neonsalmler, sehr weiches Wasser unter 2 °d GH. Genaugenommen verlangen sie nicht weiches Wasser, wie es auch im Neutralaustausch herstellbar wäre, sondern Wasser mit geringem Gesamtsalzgehalt (siehe unter „Leitfähigkeit“).

Wasserpflanzen gedeihen in härteren Wässern in der Regel besser als in weichen. Ernste Wuchsprobleme infolge zu geringer Härte sind jedoch nicht bekannt. Allerdings können Pflanzenaquarien unter etwa 2 °d Gesamthärte chemisch instabil werden, weil dann zwangsläufig auch die Karbonathärte sehr gering ist und damit die pH-Pufferkapazität. Beachte: Die Karbonathärte kann niemals größer sein als die Gesamthärte. Näheres siehe unter „Karbonathärte“ und „KH größer als GH?“.

Erhöhen. Um in 100 Liter Wasser die Gesamthärte um 1 °d zu erhöhen, kann man 3,07 g Calciumsulfat ($CaSO_4 \cdot 2H_2O$) zugeben; gleichzeitig steigt der Sulfatgehalt um 13,6 mg/l. Oder man benutzt 3,26 g Calciumchlorid ($CaCl_2 \cdot 4H_2O$); dabei steigt der Chloridgehalt um 12,8 mg/l.

Soll zugleich mit der Gesamthärte auch die Karbonathärte angehoben werden, so liegt der Gedanke nahe, einfach Calciumhydrogencarbonat ($Ca(HCO_3)_2$) in das Wasser zu geben; leider aber existiert diese Substanz in Pulverform nicht! Versucht man durch Eindampfen von kalkhaltigem Wasser das darin enthaltene $Ca(HCO_3)_2$ als trockenes Pulver zu gewinnen, so wandelt es sich stets um in wasserunlöslichen Kalk ($CaCO_3$)! Es sind folgende Wege gangbar:

Zum Erhöhen der Gesamthärte sind mehrere Wege möglich. An dieser Stelle werden nur Verfahren beschrieben, die direkt am Aquarium angewendet werden können und über längere Zeit behutsam wirken. Dagegen werden Aufhärtungen im Rahmen einer Wasseraufbereitung im Teil F dieses Buches „Aufsalzen des Wassers“ beschrieben.

Filtern über Kalkgestein. Der Filter wird mit kalkhaltigem Material gefüllt, beispielsweise mit Dolomitgestein oder Marmorsplitt. Marmorabfälle erhält man preisgünstig in Werkstätten für Grabdenkmäler. Das Material wird mit einem Hammer zerkleinert, das dabei anfallende Kalkpulver wird wegen möglicher Kiemenreizungen nicht verwendet.

Im Filter reagiert der Kalk ($CaCO_3$) mit der Kohlensäure (H_2CO_3) des durchfließenden Wassers nach folgender Gleichung:

$$CaCO_3 + H_2CO_3 \rightarrow Ca(HCO_3)_2.$$

Das entstandene Calciumhydrogencarbonat $Ca(HCO_3)_2$ erhöht gleichermaßen die Gesamthärte (Ca^{2+}-Ionen) und die Karbonathärte (HCO_3^--Ionen). Zur Erhöhung um je 1 °d GH und KH in 100 Liter Wasser sind theoretisch erforderlich 1,8 g Kalkgestein, reinstes Material und vollständiges Auflösen vorausgesetzt. Weil beim Lösungsprozess Kohlensäure verbraucht wird, steigt dabei der pH-Wert; nötigenfalls muss fehlendes CO_2 ergänzt werden. Während der Behandlung sind häufige Kontrollen von GH, KH und CO_2 notwendig. Der Prozess verläuft recht langsam.

Kalkhaltiger Bodengrund. Wenn stets nur zu weiches Wasser zur Verfügung steht und man daher ständig aufhärten muss, kann ein kalkhaltiger Bodengrund vorteilhaft sein. Im Bodengrund befindet sich stets genügend Kohlensäure, die den Kalk nach obiger Gleichung langsam in Lösung bringt; durch den ständigen, allmählichen Wasseraustausch zwischen Bodengrund und freiem Wasserraum wird so das Aquarienwasser mit der Zeit aufgehärtet. Die Gesamthärte muss regelmäßig kontrolliert werden. Übersteigt sie den gewünschten Wert, so kann sie durch teilweisen Wasserwechsel mit dem zu weichen Leitungswasser wieder gesenkt werden.

Kalkhaltigen Bodengrund kann man folgendermaßen erkennen: Auf eine kleine Bodenprobe wird etwas Salzsäure oder eine mindestens 6 %ige Essigsäure getropft; in Gegenwart von Kalk bildet sich Schaum. Steht kein kalkhaltiger Bodengrund zur Verfügung, kann man ihn durch Beimischen von Marmorsplitt selbst herstellen.

Senken. Das Wasser wird mit vollentsalztem Wasser vermischt bis zum gewünschten Härtegrad.

Vollentsalztes Wasser wird aus gewöhnlichem Leitungswasser hergestellt beispielsweise durch Umkehrosmose oder mit Ionenaustauschern. Im Neutralaustausch gewonnenes Wasser ist aquaristisch ungeeignet! Auch die Teilentsalzung kann nur beschränkt empfohlen werden. In manchen Fällen hilft Filtern über Torf. Näheres siehe im Teil „Wasseraufbereitung“.

Standort von *Echinodorus argentinesis* in Sri Lanka.

6. Härte, Karbonathärte KH

Die Sprache des Chemikers kennt nur **C**arbonathärte. Im allgemeinen Sprachgebrauch aber heißt es „**K**arbonathärte" mit der Abkürzung „KH". Die chemischen Substanzen aber sind stets „**C**arbonate", „Hydrogen**c**arbonate" und so weiter.

Bedeutung. Natürliche Wässer enthalten regelmäßig größere Mengen an Hydrogencarbonat-Ionen (HCO_3^-). Diese reagieren alkalisch und stellen zusammen mit der Kohlensäure als Gegenspieler den pH-Wert ein. Folglich tendiert der pH-Wert bei höherem Gehalt an Hydrogencarbonat-Ionen nach oben, dagegen bei niedrigem Gehalt nach unten, weil dann der saure Einfluss der Kohlensäure überwiegt.

Die Hydrogencarbonat-Ionen sind die Bildner der Karbonathärte, wenn äquivalente Mengen an Calcium- oder Magnesium-Ionen (= GH-Bildner) zugegen sind; es dürfen auch mehr vorhanden sein. Anders ausgedrückt: Jedes Hydrogencarbonat-Ion muss einen Calcium- oder Magnesium-Partner haben, um ein Bildner der Karbonathärte zu sein.

KH-Partner	keine KH-Partner
$Ca - HCO_3$	$Na - HCO_3$
$Mg - HCO_3$	$K - HCO_3$

Die Karbonathärte kann also definitionsgemäß höchstens so groß sein wie die Gesamthärte. In den meisten Wässern wird auch tatsächlich für die KH ein kleinerer Wert gemessen als für die GH. Die scheinbaren Ausnahmen werden im Kapitel „KH größer als GH?" erklärt.

Die Hydrogencarbonate üben im Aquarienwasser außerordentlich wichtige Funktionen aus. Neben ihrer bereits erwähnten Funktion als pH-Partner der Kohlensäure „entwaffnen" sie Mineralsäuren. Dies sind starke Säuren, wie beispielsweise die Salzsäure oder Salpetersäure, die den pH-Wert kräftig nach unten drücken können. Bei der Ausübung ihrer Schutzfunktion werden die Hydrogencarbonate zerstört:

$$Ca(HCO_3)_2 + 2\,HCl \rightarrow CaCl_2 + 2\,H_2CO_3$$

Calcium-h'carbonat	Salzsäure	Calciumchlorid	Kohlensäure

Die dabei entstehende Kohlensäure zählt zu den schwachen Säuren und kann in Form von Kohlendioxid das Wasser verlassen.

Die Hydrogencarbonate verhindern also einen Säuresturz. Der Schutz besteht bis etwa pH = 4,5; darunter existieren keine Hydrogencarbonate mehr. Mineralsäuren entstehen im Aquarium zum Beispiel bei der Nitrifikation (siehe dort).

Eine ausreichend hohe Karbonathärte schützt auch vor einem zu hohen Anstieg des pH-Wertes. Ab etwa pH 7,5 bis 8 (je nach KH und anderen Inhaltsstoffen) beginnt sich das Hydrogencarbonat-Ion umzuwandeln in ein Carbonat-Ion unter Bildung von Kohlensäure (H_2CO_3):

$$2HCO_3^- \rightarrow CO_3^{2-} + H_2CO_3$$

Hydrogencarbonat	Carbonat	Kohlensäure

Sofern das neu entstandene Carbonat-Ion einen Erdalkali-Partner vorfindet (Ca, Mg, Ba oder Sr), verbindet es sich mit ihm zu einem wasserunlöslichen Carbonat. Im Falle des Calciums entsteht Calciumcarbonat:

$$Ca^{2+} + CO_3^{2-} \rightarrow CaCO_3 \text{ (Kalk)}$$

Calcium	Carbonat	Calciumcarbonat

Das Calciumcarbonat fällt aus, chemisch gesehen verschwindet es aus dem Wasser. Das Wasser verliert auf diese Weise einen Teil seiner alkalischen Komponente, und der pH-Anstieg wird gebremst.

Sind keine Erdalkalien zugegen (Ca, Mg, Ba, Sr), findet also das entstandene Carbonat (CO_3^{2-}) als Partner beispielsweise nur Natrium (Na^+) oder Kalium (K^+), so entsteht keine ausfällbare Verbindung, denn Natrium- oder Kaliumcarbonat sind – im Gegensatz zum Calciumcarbonat – wasserlöslich. In diesem Fall wird dem Wasser keine alkalische Komponente entzogen, die pH-Bremse funktioniert nicht.

Die Umwandlung von Hydrogencarbonaten in Carbonate lässt sich leicht verfolgen am Sinken der Karbonathärte. Wenn in manchen Aquarien die KH bei leicht erhöhtem pH-Wert „scheinbar von selbst" sinkt, so ist das keineswegs erfreulich, sondern eine ernste Warnung: Hier fehlt Kohlensäure!

Weit verbreitet ist die Annahme, dass höhere Karbonathärten die täglichen pH-Schwankungen, hervorgerufen durch die CO_2-Assimilation der Pflanzen, besser dämpfen können. Dies trifft nicht zu! Angenommen, in einem Wasser mit natürlicher Zusammensetzung, also ohne irgendwelche puffernden Zusätze, schwanke der CO_2-Gehalt zwischen 20 und 30 mg/l, dann ändert sich der pH-Wert um 0,18 Einheiten; und zwar bei 2 °d KH genau so wie bei 16 °d. Einziger Unterschied: bei 2 °d KH schwankt der pH-Wert um etwa 6,4 herum, bei 16 °d KH um etwa 7,3.

Messung. Die Wasserprobe wird angefärbt mit einem pH-Indikator, der bei pH = 4,3 umschlägt. Dann gibt man tropfenweise Salzsäure hinzu; diese zerstört die Hydrogencarbonate, folglich sinkt der pH-Wert allmählich. Sobald alle Hydrogencarbonate zerstört sind, fällt der pH-Wert rasch unter 4,3, und der Farbindikator schlägt um. Die bis dahin verbrauchte Säuremenge wird als Messergebnis angegeben.

Je nach Fachbereich werden verschiedene Maße benutzt:

- Im Allgemeingebrauch wird im deutschen Sprachraum das Maß „Deutsche Grad Karbonathärte (°d KH)" benutzt.
- Im Trinkwasserlabor wird der Säureverbrauch in Millimol je Liter Wasserprobe angegeben. Das Messergebnis heißt „Säurekapazität (SK) bis pH = 4,3 in mmol/l". (Der Begriff m-Wert soll nach DIN/DEV nicht mehr verwendet werden.)
- In der Limnologie (Gewässerkunde) wird wie im Trinkwasserlabor verfahren, jedoch nennt man das Ergebnis „Säurebindungsvermögen (SBV) in mmol/l".
- Im Labor für Bade- und Mineralwässer wird der Säureverbrauch in mmol/l multipliziert mit 61 (Molgewicht des Hydrogencarbonates). Das Ergebnis lautet: „Gehalt an Hydrogencarbonat-Ionen in mg/l".
- In den USA wird ebenfalls der Gehalt an Hydrogencarbonat-Ionen gemessen, aber das Ergebnis heißt „Alkalinity in ppm". Die Maßeinheit ppm bedeutet **p**arts **p**er **m**illion und ist zahlenmäßig identisch mit mg/l.

Bei der Umrechnung hilft Tabelle C6-A. Bei der häufiger gebrauchten Umrechnung zwischen Karbonathärte °d und Säurekapazität mmol/l hilft die Rechenskala Bild C6-1.

Welches Maß für die Aquaristik: KH oder SK? Vorweg sei erinnert: Die Messverfahren sind chemisch identisch, allein das Ergebnis wird bei dem einen in °d und bei dem anderen in mmol/l angegeben.

Das Maß KH (°d) lässt beim Vergleichen mit dem Messergebnis GH (°d) sofort erkennen, wie hoch der Anteil an Hydrogencarbonaten ist, der beim pH-Anstieg ab etwa 7,5 als Bremse wirken kann. Es ist genau derjenige Anteil, der zahlenmäßig höchstens das GH-Messergebnis erreicht. Übersteigt das KH-Messergebnis die GH-Messung, so ist der überschießende Anteil an Hydrogencarbonaten leider nicht zur pH-Notbremse befähigt und daher k e i n e Karbonathärte.

Tabelle C6-A: Umrechnung der Einheiten für die Karbonathärte

		°d	mmol/l	°TAC	mg/l
Deutsche Grad	1 °d =	–	0,36	1,78	21,8
Säurekapazität[1]	1 mmol/l =	2,78	–	4,94	61,0
Französische Grad	1 °TAC =	0,56	0,20	–	12,3
Hydrogencarbonat	1 mg/l =	0,046	0,016	0,08	–

Beispiel: 4 mmol/l = 4 x 2,78 °d = 11,12 °d KH

[1] Auch noch als Säurebindungsvermögen (SBV) bezeichnet.

Zum besseren Verständnis sei das Kapitel empfohlen „KH größer als GH?".

Das Maß Säurekapazität in mmol/l ist vom „Gesetz über Einheiten im Messwesen" vorgeschrieben im geschäftlichen und amtlichen Verkehr. Aber es erlaubt keine Unterscheidung zwischen Hydrogencarbonaten mit und ohne Fähigkeiten zur „pH-Notbremse".

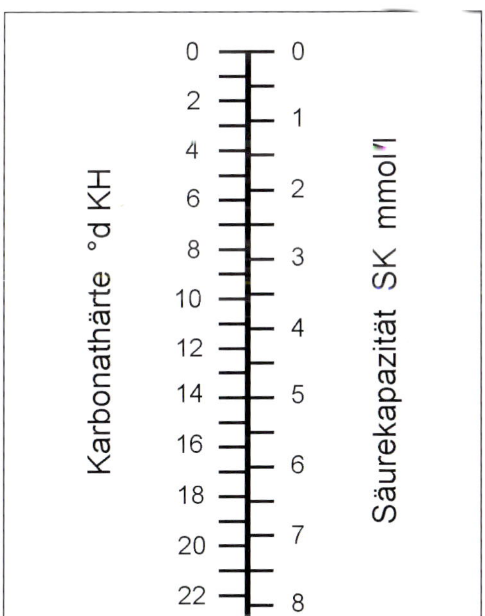

Bild C6-1: Umrechnung zwischen Karbonathärte und Säurekapazität.

Daher liefert das im außergeschäftlichen und außeramtlichen Bereich durchaus zulässige Maß Karbonathärte (°d) für die Aquaristik mehr Transparenz und Information.

Messung bei KH unter 3 °d

Bei den KH-Tests für die Aquaristik sind pH-Indikator und Salzsäure meist vereint in einer einzigen Tropfflasche. Das erleichtert die Handhabung. Wässer über etwa 3 °d lassen sich damit problemlos messen. Bei Wassern mit geringerer KH gelangt zu wenig pH-Indikator in die Probe, folglich ist die Anfärbung kaum sichtbar und der Farbumschlag nicht erkennbar.

Der Versuch, einfach mehr Indikator zuzusetzen (falls separat erhältlich), führt zu falschen Ergebnissen, denn carbonatarme Wässer sind meist auch elektrolytarm, und in solchen Wässern reagieren pH-Farbindikatoren prinzipiell fehlerhaft.

Abhilfe: Man nimmt genau die zehnfache Menge an Wasserprobe und misst deren pH-Wert mit einem elektrischen(!) pH-Meter. Dann tropft man unter Umschwenken so viel KH-Reagenz dazu, bis der pH-Wert 4,3 unterschritten wird. Der Grenzwert pH = 4,3 wird schlagartig durchlaufen; es herrscht also stets Klarheit, ob noch ein Tropfen KH-Reagenz fehlt oder nicht. Jeder verbrauchte

Reagenztropfen zählt jetzt ein Zehntel seines ursprünglichen Nennwertes, meist also 0,1 °d. Mit diesem Verfahren kann man exakt messen bis herunter auf 0,1 °d KH. So gelingen auch Messungen in den extrem weichen und gefärbten Schwarzwässern der Tropen.

Prüfung. Es werden 150 mg Natriumhydrogencarbonat ($NaHCO_3$) in 500 ml Wasser gelöst. In dieser Lösung erhält man einen KH-Messwert von genau 10,0 °d.

Grenzwerte. Sie sind abhängig von der Art der gepflegten Fische und von den aquaristischen Zielvorstellungen. Im Allgemeinen gelten Wässer zwischen 3 und 12 °d KH als aquaristisch ideal.

Bei Wässern unter 3 °d KH ist die Schutzwirkung der kleinen Menge an Ca- oder $Mg(HCO_3)_2$ rasch aufgebraucht. Deshalb muss in Wässern mit geringer KH der pH-Wert häufiger kontrolliert werden.

Wässer mit höherer Karbonathärte benötigen grundsätzlich einen höheren Gehalt an Kohlendioxid, um Kalkausfällungen zu verhindern, hierauf wird im Kapitel „Kohlendioxid“ eingegangen.

Höhere Karbonathärten können Probleme bereiten, wenn zugleich niedrige pH-Werte gefordert sind. Dann ist unter Umständen mehr CO_2 notwendig, als für die Fische zuträglich ist. Abhilfe: KH (und GH) herabsetzen.

Es sei hier erneut darauf hingewiesen, dass beim Ansäuern etwa mit Salz- oder Phosphorsäure die KH-Bildner zerstört werden; außerdem entsteht ein vom Standard erheblich abweichendes Ionenspektrum und damit ein biologisch weniger geeignetes Wasser. Es sei dringend davon abgeraten!

Grundsätzlich muss die KH stets im Zusammenhang mit der GH beurteilt werden. Aus dem Standardverhältnis lässt sich errechnen, dass die KH typisch bei etwa 80 % der GH liegt. Die meisten Süßwasser-Aquarienbewohner sind an ähnliche Werte angepasst, das sollte beim Verändern der Wasserzusammensetzung berücksichtigt werden.

Erhöhen. Um in 100 Liter Wasser die KH um 1 °d zu erhöhen, gibt man 3,0 g Natriumhydrogencarbonat ($NaHCO_3$) hinzu. Gleichzeitig steigt der Natriumgehalt um 8,2 mg/l. Auch der pH-Wert steigt an, er kann aber mittels Kohlendioxid (CO_2) wieder gesenkt werden.

Zweckmäßig löst man die notwendige Menge erst in einem Becherglas mit etwas Wasser auf und gibt dann die Lösung unter Umrühren in das Aquarium. Natriumhydrogencarbonat ist in Drogerien und Apotheken erhältlich; mitunter wird es noch als Natriumbicarbonat bezeichnet.

Hat die Karbonathärte etwa 80 % der Gesamthärte erreicht und ist eine weitere Erhöhung erwünscht, so sollten Karbonat- *und* Gesamthärte gemeinsam erhöht werden, wie im Kapitel „Gesamthärte“ beschrieben.

Es darf höchstens nur so viel $NaHCO_3$ zugegeben werden, bis der KH-Messwert die Höhe der Gesamthärte GH erreicht. Der Zustand „KH größer GH“ (siehe dort) muss vermieden werden. Anderenfalls ergeben sich zwei Nachteile:

- Die Karbonathärte wird nur scheinbar weiter erhöht, nicht aber tatsächlich.
- Das Wasser erhält ein ungünstiges Ionenspektrum, denn das Verhältnis von Natrium zu Calcium und Magnesium steigt unnatürlich hoch.

Senken. Zugabe von vollentsalztem Wasser. Siehe auch unter „Gesamthärte“.

7. Härte, KH größer als GH ?

In den meisten Wässern erhält man für die Karbonathärte (°d KH) kleinere Messwerte als für die Gesamthärte (°d GH). Die KH liegt meist bei etwa 80 % der GH. Die Differenz zwischen der GH und der KH wird als Nichtkarbonathärte (NKH) bezeichnet; sie wird gebildet durch Nitrate, Sulfate, Chloride oder andere Anionen.

Es gilt also:

GH minus KH = NKH

In Ausnahmefällen gibt es Wässer, in denen höhere Grade an Karbonathärte als an Gesamthärte gemessen werden. Tatsache ist jedoch, dass die Karbonathärte niemals höher sein kann als die Gesamthärte! Wie ist das zu verstehen? Hierzu ein kurzer Rückblick in die Geschichte der Wasseranalytik:

Der Begriff „Wasserhärte" wurde um 1900 geboren und bezeichnete den Gehalt an Calcium- und Magnesium-Ionen. Diese waren den Wäschereien ein großes Ärgernis, weil sich Calcium und Magnesium mit den Fett-

Yanomami Indianer im Urwald Amazoniens. Dieser Stamm lebt hier am fischreichen Rio Demini stromaufwärts dicht an der Grenze zu Venezuela, fünf Tagesreisen mit dem Boot nördlich von Barcelos am Rio Negro.

säuren der Seife verbinden und eine unlösliche, nichtreinigende Kalkseife bilden. Das erhöht stark den Seifenverbrauch. Zur Messung der Wasserhärte, also des nutzlosen Grund-Seifenbedarfes des Wassers, tropfte man eine genormte Seifenlösung so lange in eine Wasserprobe, bis der anfangs immer wieder unter leisem Knistern zusammenbrechende Seifenschaum stehen blieb. (Dieses Verfahren war auch in der Aquaristik bis etwa 1950 üblich.)

Dann fand man heraus, dass abgekochtes Wasser weniger Seife verbraucht, weil die Wasserhärte gesunken ist. Ursache: Beim Kochen wandeln sich Hydrogencarbonate um in Carbonate. Die Carbonate der Erdalkalien, zu denen hauptsächlich Calcium und Magnesium gehören, sind jedoch wasserunlöslich und fallen als Kesselstein aus. Folglich enthält das Wasser nun weniger Calcium- und Magnesium-Ionen.

Bildung von Kesselstein am Beispiel des Calciums:

$Ca(HCO_3)_2$	→	$CaCO_3$	+	H_2CO_3
Calcium-h'carbonat (wasserlöslich)		Calcium-carbonat (fällt aus)		Kohlen-säure

Den als Carbonat ausfällbaren Teil der gesamten Härte nannte man „Temporäre Härte" oder „Karbonathärte". So weit zur Entstehungsgeschichte der Härte-Begriffe.

Aquaristisch ist wichtig zu wissen:

1. Alle Hydrogencarbonate wandeln sich bei höherem pH-Wert um in Carbonate.

2. Die Carbonate der so genannten Erdalkalien (Ca, Mg, Sr, Ba) sind nicht wasserlöslich. Dagegen sind die Carbonate der übrigen Alkalien wasserlöslich (zum Beispiel das als Soda bekannte Natriumcarbonat).

Und nun zu den Messungen: Die GH-Messung erfasst alle Erdalkali-Ionen, also Barium-, Calcium-, Magnesium- und Strontium-Ionen. Die KH-Messung erfasst alle Hydrogencarbonat-Ionen; von diesen können aber nur diejenigen Bildner der Karbonathärte sein, die Erdalkali-Partner vorfinden. Sind mehr Hydrogencarbonate als äquivalente Erdalkalien vorhanden, erhält man folglich als Messergebnis KH größer als GH!

Ein Messergebnis KH größer als GH sagt also aus, dass außer Erdalkali-Hydrogencarbonaten (= Bildner der Karbonathärte) noch andere Hydrogencarbonate vorhanden sind, etwa $NaHCO_3$ oder $KHCO_3$. In solchen Fällen wird gesetzt:

Karbonathärte = Gesamthärte.

Der Überschuss der KH-Messung wird als Gehalt an Natriumhydrogencarbonat angesehen. Dabei gilt je 1 °d Überschuss eine Menge von 30 mg/l $NaHCO_3$.

Beispiel: Es werde gemessen 10 °d GH und 12 °d KH. Dann hat das Wasser eine Gesamthärte von 10 °d und eine Karbonathärte von 10 °d. Die Differenz von 2 °d wird angegeben als 2 x 30 = 60 mg/l Natriumhydrogencarbonat ($NaHCO_3$). Der Einfachheit halber wird vernachlässigt, dass es sich dabei auch um $KHCO_3$ handeln könnte.

	GH	KH	KH-GH	$NaHCO_3$
Mess-Wert	10 °d	12 °d	–	–
Ist-Wert	10 °d	10 °d	2 °d	60 mg/l

Anmerkung: Der Fachmann könnte einwenden, dass die KH-Messung auch gelöste Carbonate erfasst (z.B. Na_2CO_3). Das ist richtig. Es würde aber dieses ohnehin schwierige Thema unnötig komplizieren und hat aquaristisch kaum Bedeutung, weil auch die Nicht-Erdalkali-Carbonate nur bei relativ hohen pH-Werten im Wasser existieren.

8. Kalium K^+

Bedeutung. Wie das Standard-Ionenverhältnis zeigt, ist Kalium im Wasser das vierthäufigste Kation. Es erfüllt lebenswichtige Aufgaben bei Tieren und Pflanzen.

Bei Tieren beeinflussen Kalium-Ionen die Gewebeatmung, den Kohlenhydrat- und Fettstoffwechsel, die Synthese von Eiweißen sowie die Erregbarkeit der Nerven und der Muskeln. Außerdem ist Kalium an der Synthese von Hormonen beteiligt, die das vegetative Nervensystem steuern.

Pflanzen benötigen Kalium als Hauptnährstoff neben Kohlendioxid, Phosphaten und Stickstoffverbindungen. Kalium ist unentbehrlich bei der Fotosynthese und Atmung. Es aktiviert außerdem eine Reihe wichtiger Enzyme. Pflanzen können auch geringe Konzentrationen an Kalium verwerten, weil sie es intern erheblich anreichern können. Ein Teil des Kaliums liegt im Zellsaft als freies Ion vor und beeinflusst osmotische Prozesse in der Zelle. Die Trockenmasse der Pflanzen enthält etwa 1 bis 5 % Kalium.

Wasser enthält üblicherweise etwa 0,5 bis 8 mg/l Kalium. Allerdings können in manchen Seen und Flüssen Konzentrationen von mehreren 10 mg/l K^+ vorkommen, häufig verursacht durch Einspülung von landwirtschaftlichen Düngern.

Die Fische nehmen Kalium über das Futter auf. Über die Ausscheidungen der Fische erhalten es auch die Pflanzen. Sind viele

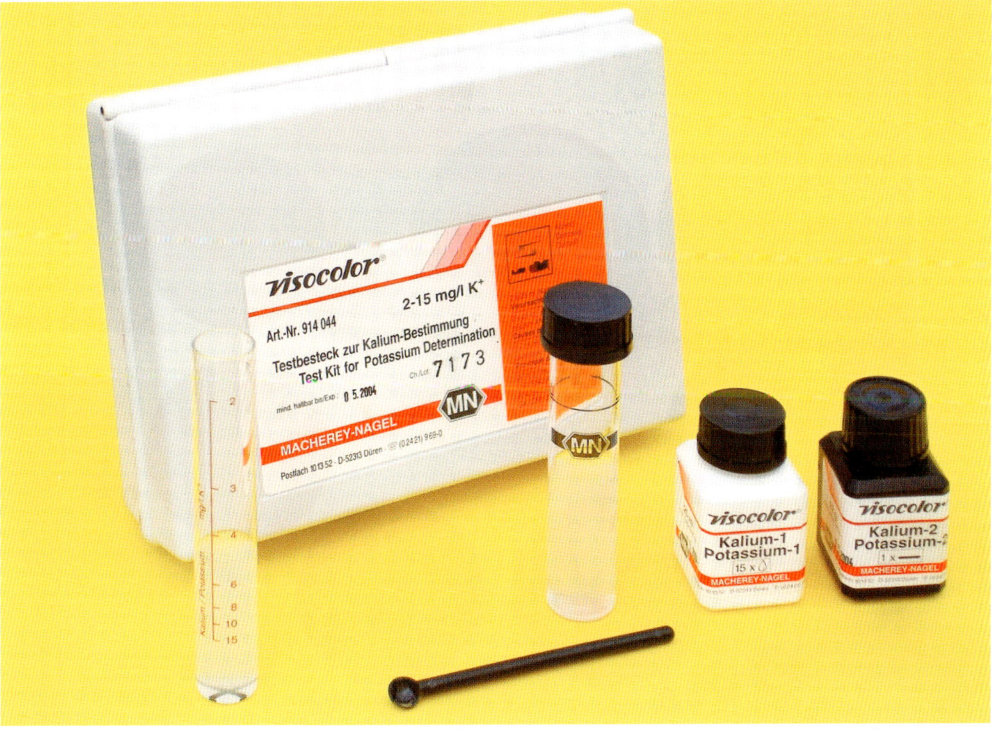

Bild C8-1: Dieser Kaliumtest misst in sieben Stufen von 2 bis 15 mg/l. Trotz seiner guten Nachweis-Empfindlichkeit benötigt er kein Fotometer. Er ist im Laborhandel erhältlich (Macherey-Nagel Nr. 931 032).

Tausend Rote Neons (*Paracheirodon axelrodi*) drängeln sich in dieser Plastikwanne. Sie werden aufgekauft von Händlern aus dem 600 km entfernten Manáus für umgerechnet sieben Cent pro Stück.

Pflanzen vorhanden, kann es zum Kaliummangel kommen und Nachdüngen erforderlich sein.

Messung. Das Kalium kann in einer Fällungsreaktion mit Natriumtetraphenylborat (Kalignost®) als Trübung bestimmt werden. Gut ausgerüstete Labors messen bequemer mittels Flammenfotometrie, Spektroskopie oder mit ionensensitiven Elektroden, einem der pH-Messung ähnlichen Verfahren.

Aquaristisch geeignete Kaliumtests sind im Laborhandel erhältlich. Ein Beispiel zeigt Bild C8-1 auf Seite 45.

Prüfung. Von einer 3-molaren-KCl-Lösung, wie sie zum Aufbewahren von pH-Elektroden dient und deshalb oft vorrätig ist, gebe man 1 ml auf 1 l Wasser. Man erhält eine Lösung mit 117 mg/l Kalium. Hiervon gibt man 8,55 ml auf 100 ml Wasser und erhält eine Prüflösung mit 10 mg/l Kalium.

Grenzwerte. Die EG-Trinkwasserrichtlinie empfiehlt als Höchstwert 12 mg/l Kalium. Für Aquarienpflanzen haben sich Werte um 4 bis 5 mg/l Kalium bewährt. Für Fische gibt es keinen unteren Grenzwert, denn Fische decken ihren Kaliumbedarf vor allem aus dem Futter. Sehr hohe Konzentrationen (ab 100 mg/l ?) können fischgiftig sein.

Erhöhen. Viele Volldünger für Aquarienpflanzen enthalten Kalium. Die Dosierung nach Angaben der Hersteller ergibt meist Werte um 5 mg/l Kalium.

Für die Einzeldüngung kann man die bereits erwähnte 3m-KCl-Lösung nehmen. Je 1 ml davon düngen 100 l Wasser mit 1,17 mg/l Kalium; zugleich gelangt 1,1 mg/l Chlorid in das Wasser.

Oder man löst 26 g Kaliumhydrogencarbonat ($KHCO_3$) in 100 ml Wasser. 1 ml dieser Lösung düngt 100 l Wasser mit 1 mg/l K^+.

Beim Dosieren der Kalium-Lösungen hilft eine Plastikspritze mit Skala.

Senken. Nicht erforderlich.

9. Kohlendioxid CO_2

Bedeutung. Kohlendioxid ist ein farb- und geruchloses Gas. Unsere Atmosphäre enthält etwa 0,033 Vol.-% CO_2. Kohlendioxid ist nicht giftig. Das beweist schon die Tatsache, dass wir CO_2-haltige Getränke unbeschadet trinken können. Oder dass das Blut in unseren Venen etwa 55 Vol.-% CO_2 enthält, wovon das Meiste zur Stabilisierung des Säure-Basen-Haushaltes dient, nur etwa 4 Vol.-% werden abgeatmet.

Enthält unsere Atemluft extrem viel Kohlendioxid, so kann infolge Verdrängung die Sauerstoffaufnahme lebensgefährlich behindert werden. So erstickt der Mensch, wenn die Luft etwa 10 Vol.-% CO_2, also das 300-fache der normalen Menge enthält. Sinngemäß das Gleiche gilt auch für die Wasserbewohner.

Kohlendioxid wiegt 1,53mal schwerer als Luft, es kann daher eine Bodenschicht bilden. Wenn im Aquarium der Wasserspiegel mehrere Zentimeter unter den Beckenrand gesunken ist, ruht auf der Wasseroberfläche häufig eine kompakte CO_2-Schicht. Luft atmende Tiere, beispielsweise Labyrinthfische, ersticken darin, weil sie die sauerstoffhaltige Luft nicht mehr erreichen können. Typische Anzeichen: Die Fische schwimmen in Panikanfällen schussartig durch das Becken. Zur Abhilfe Wasser auffüllen bis dicht unter den Beckenrand, damit die CO_2-Schicht abfließen kann, oder die Wasseroberfläche mit einer Luftpumpe von der Seite her anblasen.

Kohlendioxid löst sich leicht im Wasser. Unsere Luft enthält 0,033 Vol.-% CO_2. Lässt man sie über einen Ausströmer durch das Wasser perlen, so stellt sich darin bei 20 °C ein CO_2-Gehalt von etwa 0,5 mg/l ein. Nimmt man anstelle der Luft reines Kohlendioxid, dann steigt der CO_2-Gehalt im Wasser wesentlich höher; nach diesem Prinzip arbeiten die CO_2-Düngegeräte.

Von dem eingeleiteten Kohlendioxid bleibt das meiste als CO_2-Gas gelöst. Ein kleiner Teil von etwa 0,1 % aber reagiert chemisch mit dem Wasser und bildet Kohlensäure H_2CO_3 nach folgender Gleichung, die auch in umgekehrter Richtung ablaufen kann:

$$\underset{\text{Kohlendioxid}}{CO_2} + \underset{\text{Wasser}}{H_2O} \leftrightarrow \underset{\text{Kohlensäure}}{H_2CO_3}$$

Kohlensäure und Kohlendioxid sind also zwei unterschiedliche Verbindungen und haben völlig unterschiedliche Eigenschaften. Sie werden aber sprachlich oft miteinander vertauscht oder synonym gebraucht. Weil in der Druckgasflasche ausschließlich CO_2 enthalten ist und im Wasser von dem CO_2/H_2CO_3-Gemisch 99,9 % als CO_2 vorliegt, spricht man in der Regel treffender von Kohlendioxid.

Die Kohlensäure (nicht das Kohlendioxid!) senkt den pH-Wert des Wassers. Sie ist wasserchemisch die wichtigste Säure im Aquarium. Kohlensäure reagiert unter anderem mit Kalk $CaCO_3$, wobei Calciumhydrogencarbonat $Ca(HCO_3)_2$ entsteht. Dieses ist, neben dem Magnesiumhydrogencarbonat $Mg(HCO_3)_2$, der wichtigste Bildner der Karbonathärte:

$$\underset{\text{Kohlensäure}}{H_2CO_3} + \underset{\text{Kalk}}{CaCO_3} \leftrightarrow \underset{\text{Calcium-h'carbonat}}{Ca(HCO_3)_2}$$

Der Doppelpfeil in der Gleichung bedeutet, dass der Prozess auch umgekehrt von rechts nach links ablaufen kann. Das passiert bei Kohlensäuremangel. Dann zerfällt ein Teil des Calciumhydrogencarbonat in Kohlensäure und unlöslichen Kalk; dementsprechend sinkt die Karbonathärte. Solche Prozesse müssen im Interesse der Aquarienpflanzen unbedingt vermieden werden (Bild C9-1).

Bild C9-1: Kalkablagerungen auf dem Blatt einer Vallisnerie, verursacht durch Mangel an Kohlensäure infolge ungenügender Zufuhr von Kohlendioxid. Solche Prozesse müssen im Interesse der Aquarienpflanzen unbedingt vermieden werden!

Zum besseren Verständnis für das System Kohlensäure-Karbonathärte-Kalk sowie für die beim Entzug von Kohlensäure ablaufenden Vorgänge sei das Bild C9-2 betrachtet. Wem das Folgende zu kompliziert erscheint, darf es getrost überschlagen; die Aquaristik funktioniert auch so. Wer sich aber durchbeißt, hat die wohl wichtigste Eigenschaft des Wassers begriffen.

Auf Bild C9-2 ist das System Kohlensäure-Karbonathärte-Kalk in seinen verschiedenen Zuständen dargestellt. An den Teilbildern A bis D werden die Vorgänge beim Entzug von Kohlensäure erklärt. Dabei ist es für das Verständnis unbedingt notwendig, die verschiedenen Begriffe genau zu beachten und zu unterscheiden (gebunden, frei, überschüssig usw.):

Teilbild A: Das Wasser enthalte eine gewisse Menge an Karbonathärte $Ca(HCO_3)_2$; diese wird auch als gebundene Kohlensäure bezeichnet, weil die Säure nicht frei existiert, sondern an das Calcium Ca gebunden ist. Außerdem enthalte das Wasser eine größere Menge an freier Kohlensäure H_2CO_3. Von dieser dient ein Teil dazu, um die Karbonathärte $Ca(HCO_3)_2$ wasserlöslich zu halten; dieser Teil (unter der gestrichelten Linie) wird auch als Gleichgewichtskohlensäure bezeichnet. Der Teil der freien Kohlensäure über der gestrichelten Linie hat keine besondere Aufgabe und wird auch als überschüssige Kohlensäure bezeichnet. Die Wasserwerke mögen die überschüssige Kohlensäure nicht, weil sie die Rohrwandung be-

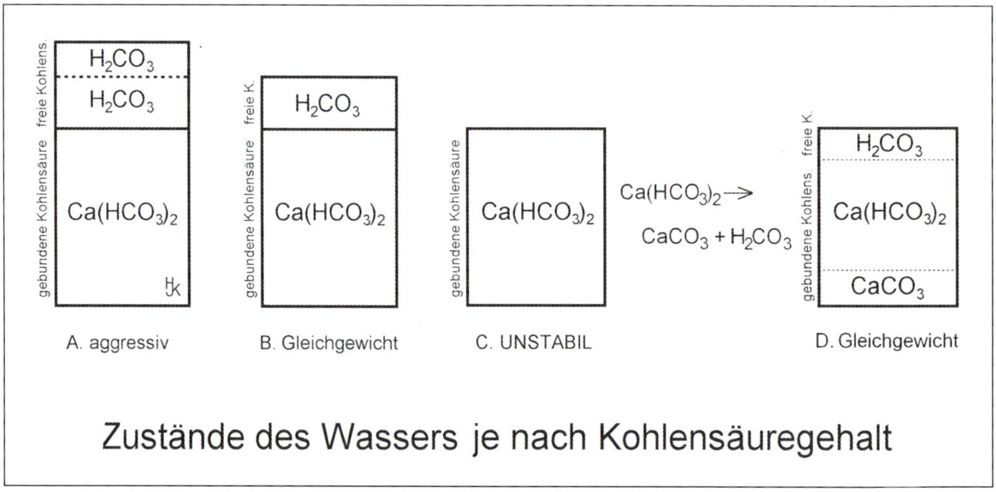

Bild C9-2: Das System Kohlensäure-Karbonathärte-Kalk und die Vorgänge beim Entzug von Kohlensäure. Das in den Formeln dargestellte Calcium (Ca) ist stellvertretend für alle Erdalkalien (Ca, Mg, Ba, Sr).

ziehungsweise den eventuell abgelagerten Kalkschutzmantel angreift; deshalb nennen die Wasserwerker solche Wässer aggressiv.

Teilbild B: Dem Wasser wurde der überschüssige Teil der freien Kohlensäure entzogen, beispielsweise von den Pflanzen durch Assimilation. Wasserwerker streben solches Wasser an, denn Kohlensäure und Calciumhydrogencarbonat sind jetzt im Gleichgewicht; weder wird das Leitungsnetz angegriffen noch lagert sich Kalk in den Röhren ab. Der Aquarianer erhält solches Wasser im Idealfall aus der Leitung.

Teilbild C: Dem Wasser wurde die Kohlensäure restlos entzogen. Das Wasser ist jetzt chemisch unstabil geworden, denn das Calciumhydrogencarbonat (die KH) kann sich nicht mehr vollständig im Wasser halten. Folglich fällt davon ein Teil aus, und entsprechend der angegebenen Formel entsteht mit einiger Reaktionszeit ein Wasser nach Teilbild D.

Teilbild D: Ein Teil des $Ca(HCO_3)_2$ (gebundene Kohlensäure, KH) hat sich aufgespalten. Entstanden sind das wasserunlösliche $CaCO_3$ (gebundene Kohlensäure, Kalk) sowie H_2CO_3 (freie Kohlensäure). Der Wasserwerker hat jetzt ein Wasser im Gleichgewicht ähnlich Teilbild B, jedoch mit etwas kleinerer KH und mit abgelagertem Kalk.

Wer sich bis hierhin durchgearbeitet hat, wird belohnt mit dem Durchblick durch die wohl wichtigsten Prozesse im Aquarienwasser.

Zum Bild C9-2 noch einige Ergänzungen:

1. Je höher die Karbonathärte, desto mehr Kohlensäure (Gleichgewichtskohlensäure) ist erforderlich, um Kalkausfällungen zu verhindern; der Zusammenhang ist nicht linear. In der Aquarienliteratur werden häufig Gleichgewichts-Tabellen abgedruckt und als CO_2-Richtlinie empfohlen. Diese Tabellen sind aquaristisch absolut wertlos! Sämtliche Tabellen wurden mit saubersten Wasser im Trinkwasserlabor ermittelt. Sie haben dort ihre Gültigkeit, aber n u r d o r t !!! Im Aquarium herrschen völlig andere Bedingungen. Messungen bestätigen immer wieder, dass im Aquarium – wahrscheinlich bedingt durch organische Inhaltsstoffe – überraschend wenig Kohlensäure/-dioxid genügt, um Kalkausfällungen zu verhindern. Die Resultate vom Trinkwasserlabor sind auf die Aquarienpraxis n i c h t a n w e n d b a r! Trotzdem werden aus Unkenntnis diese Gleichgewichts-Tabellen immer wieder in der Aquarienliteratur zitiert. Unglücklicherweise!

2. Das Mehr an Kohlensäure, das über die zum Inlösunghalten der KH notwendige Menge hinausgeht, bezeichnet der Wasserwerker als überschüssig oder aggressiv. Beachte: „aggressiv" ist technisch gemeint hinsichtlich Korrosion im Wasserrohrnetz, nicht aber in Bezug auf Fische oder Pflanzen.

3. Weit verbreitet – aber falsch – ist die Ansicht, dass die Düngewirkung der Kohlensäure (genauer: des Kohlendioxides) auf Wasserpflanzen abhängig sei von der Höhe der KH, weil ein Teil davon der KH als Gleichgewicht diene und daher für Pflanzen unzugänglich sei.

   Tatsache ist: Wasserpflanzen kümmern sich nicht um solche Unterschiede, sondern nehmen jede Art von Kohlensäure/Kohlendioxid auf. Sie können es dem Wasser sogar restlos entziehen und dadurch Kalkausfällungen hervorrufen (Bild C9-1 und C9-2 Teilbild D). Ein Prozess, der durch Bereitstellung genügender Mengen an CO_2 unbedingt vermieden werden muss!

Kohlendioxidquellen. Fast alle Sauerstoffverbraucher im Aquarium sind zugleich Kohlendioxidquellen. Beispielsweise wird bei der Atmung von Tier und Pflanze CO_2 freigesetzt. Fische produzieren je nach Art, Größe, Aktivität, Temperatur und so weiter ungefähr 25 bis 60 mg CO_2 täglich je 1 g Lebendgewicht.

Auch Pflanzen atmen fortwährend und produzieren Kohlendioxid. Tagsüber wird dieser Prozess weitgehend überdeckt durch die Sauerstoffproduktion infolge Fotosynthese. Die tägliche CO_2-Produktion der Pflanzen liegt grob genähert bei 5 mg CO_2 je dm^2 Blattgröße.

Große Mengen an CO_2 entstehen bei den oxidativen Reinigungsprozessen, wie sie im gesamten Aquarium und konzentriert im Filter stattfinden. So werden zum Beispiel bei der Aufarbeitung von 1 cm^3 Trockenfutter (ca. 0,25 g) etwa 700 mg CO_2 produziert! Auch im Bodengrund werden durch Bakterientätigkeit ständig große CO_2-Mengen erzeugt; das Wasser im Boden enthält regelmäßig etliche 100 mg/l CO_2.

Kohlendioxidverbraucher. Hauptkonsument sind die Aquarienpflanzen. Für sie ist Kohlendioxid der wichtigste Nährstoff überhaupt, denn fast die Hälfte der pflanzlichen Trockenmasse besteht aus Kohlenstoff (Bild C09-3).

Pflanzen synthetisieren unter Aufnahme von Kohlendioxid und Licht als Energiequelle hochwertige organische Substanzen und scheiden Sauerstoff aus. Der CO_2-Verbrauch der Pflanzen hängt stark ab vom Angebot der übrigen Nährstoffe sowie von Lichtmenge und Temperatur; in ganz grober Näherung beträgt der Verbrauch etwa 15 mg CO_2 je dm^2 Blattgröße während 12-stündiger Beleuchtung. Pflanzen nehmen CO_2 auch aus dem Boden über die Wurzeln auf und transportieren es zu den Zentren der Fotosynthese.

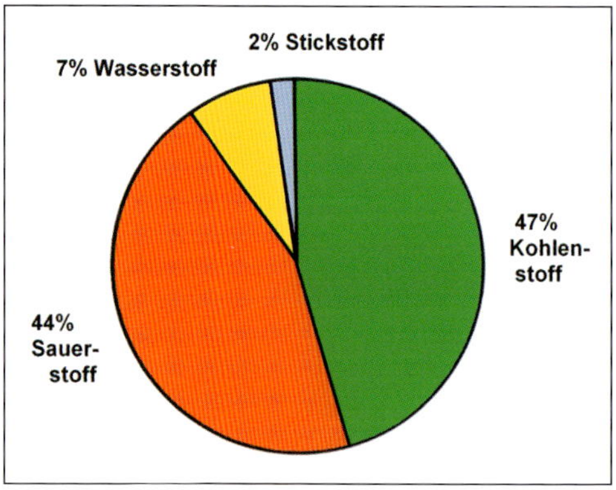

Bild C9-3: Die Analysen getrockneter Pflanzen zeigen: Der wichtigste Pflanzennährstoff ist das Kohlendioxid.

Des weiteren wird im Aquarium Kohlendioxid „verbraucht" durch Abgabe an die Luft. Bei stark bewegter Wasseroberfläche kann so viel CO_2 verlorengehen, dass der Gehalt rasch auf etwa 0,5 mg/l absinkt; dieser Wert entspricht dem Gasgleichgewicht mit der Luft.

In gut bepflanzten Aquarien wird meist mehr CO_2 verbraucht als die Fische und übrigen Produzenten liefern. Dann muss zusätzlich mit CO_2 gedüngt werden, um den Bedarf der Wasserpflanzen sicherzustellen. Einige Pflanzen, zum Beispiel *Elodea* und *Myriophyllum*, können bei CO_2-Mangel ersatzweise auch Hydrogencarbonat-Ionen (HCO_3^-) assimilieren, sie müssen jedoch die HCO_3-Ionen vor der Verwertung erst aufspalten in CO_2 und OH-Ionen. Dieser Prozess zehrt erheblich am Energiehaushalt der Pflanzen, und durch die Freisetzung von OH-Ionen steigt der pH-Wert, unter Umständen sogar bis pH=11! Das muss durch ein ausreichendes CO_2-Angebot unbedingt vermieden werden!

Messung. Der CO_2-Gehalt schwankt im Tagesrhythmus; besonders dann, wenn das Aquarium auch Pflanzen enthält. Deshalb muss zusammen mit jedem CO_2-Messergebnis auch die Uhrzeit notiert werden, denn es ist biologisch ein wesentlicher Unterschied, ob beispielsweise 35 mg/l CO_2 am Morgen oder Abend gemessen werden.

Es sind mehrere Messverfahren aquaristisch geeignet:

Chemisch. In eine Wasserprobe gibt man einige Tropfen Phenolphthalein als pH-Indikator (pH 8,3). Dann wird tropfenweise so viel Natronlauge zugegeben, bis die Kohlensäure restlos neutralisiert ist und eine schwachrosa Färbung des Indikators bestehen bleibt. Der Verbrauch an Natronlauge entspricht dem Gehalt an Kohlendioxid im Wasser.

$$H_2CO_3 + 2\,NaOH \rightarrow Na_2CO_3 + 2\,H_2O$$

An dieser Reaktion nimmt nur die Kohlensäure H_2CO_3 teil und nicht das Kohlendioxid CO_2. Doch mit sinkendem Gehalt bildet sich sofort neue Kohlensäure aus dem gelösten CO_2 solange der Vorrat im Wasser reicht (siehe Gleichung am Kapitelanfang). Auf diese Weise wird letztlich das gesamte Kohlendioxid (CO_2) gemessen.

Die Messung ist nur dann fehlerfrei, wenn außer Kohlensäure keine weiteren Säuren zugegen sind. Fehler entstehen beim „Altwasser", weil es störende Säuren aus Stoffwechselprozessen enthalten kann, oder bei Torffilterung, weil auch die Huminsäuren fälschlich mitgemessen werden. Als Aus-

Bild C9-4: Die linke Probe wurde belüftet; sie enthält 0,5 mg/l CO_2 (Gleichgewichtswert mit der Luft) sowie eventuelle nichtflüchtige Säuren, beispielsweise Huminsäuren. Die rechte Probe enthält nach Beatmung ziemlich genau 60 mg/l CO_2. Sie dient als Prüflösung und muss sofort verwendet werden.

weg habe ich bereits 1974 empfohlen: Man nehme eine zweite Wasserprobe und belüfte sie vor dem Messen mit einer (Hand-)Luftpumpe wie auf Bild C9-4, um das Kohlendioxid auszutreiben; jetzt erfasst die Messung nur die nichtflüchtigen Säuren. Die Differenz der beiden Messungen entspricht dem Gehalt an Kohlendioxid.

CO_2-Tests bestehen üblicherweise aus zwei Tropfflaschen (Indikator und Lauge). Die Lauge verdirbt leicht, weil sie das CO_2 aus der Luft aufnimmt. Verdorbene Reagenzien täuschen viel mehr CO_2 vor, als tatsächlich vorhanden ist. Häufige Prüfungen sind unbedingt erforderlich!

Prüfung. Die vom Menschen ausgeatmete Luft enthält ziemlich genau 4 Vol.-% CO_2. In eine Wasserprobe werden einige Tropfen eines pH-Indikators gegeben (Bereich um pH 6 bis 7). Dann bläst man mit einem Strohhalm so lange Atemluft hinein, bis die Wasserprobe maximal mit Atem-CO_2 angereichert ist, bis also der Indikator seine Farbe nicht mehr ändert. Die Wasserprobe enthält jetzt ziemlich genau 60 mg/l CO_2. Sie muss sofort als Prüflösung verwendet werden. Siehe auch Bild C9-4.

Berechnung. Der Gehalt an Kohlendioxid (genauer: an Kohlensäure) und die Karbonathärte prägen gemeinsam den pH-Wert. Sind pH-Wert und °d KH bekannt, kann der Gehalt an Kohlendioxid aus der Tabelle C9-A mit ausreichender Genauigkeit abgelesen werden. Wer Diagramme bevorzugt sei verwiesen auf die „Rechentafel KH-CO_2-pH" (Seite 119). Tabelle und Diagramm gelten nicht, wenn das Wasser noch andere pH-aktive Stoffe enthält, wie etwa Torfextrakte oder „pH-Plus/Minus"-Präparate.

Grenzwerte. Im Interesse der Aquarienpflanzen sollten etwa 12 mg/l CO_2 nicht unterschritten werden. In Wässern über 8 °d KH kann mehr CO_2 notwendig sein, um Ausfällungen der KH-Bildner als Kalk zu verhindern. Die auf die Kalkausfällungen bezogenen, so genannten Gleichgewichtstabellen

Tabelle C9-A: Kohlendioxidgehalt in mg/l bei 25 °C, errechnet aus Karbonathärte und pH-Wert

KH	pH-Wert							
°d	6,4	6,6	6,8	7,0	7,2	7,4	7,6	7,8
2	25	16	10	7	4	3	2	1
4	50	32	20	13	8	5	3	2
6	75	50	30	20	12	8	5	3
8	100	65	40	25	16	10	6	4
10	130	80	50	32	20	13	8	5
12	150	100	60	40	24	15	10	6
14	180	115	70	45	28	18	11	7
16	200	130	80	50	32	20	12	8
18	230	145	90	58	36	23	14	9
20	250	160	100	65	40	25	16	10

Beispiel: Es werden gemessen 6 °d KH und pH = 6,8. Das Wasser enthält dann etwa 30 mg/l CO_2.

sind zur aquaristischen Beurteilung ausnahmslos unbrauchbar, wie schon am Kapitelanfang auf Seite 49 begründet.

Eine Obergrenze, an der CO_2 für die Pflanzen toxisch werden könnte, ist nicht bekannt. In der Aquarienpraxis jedoch wird der Ertrag ab etwa 40 bis 50 mg/l CO_2 kaum noch gesteigert, weil dann meist andere Wuchsfaktoren (Nährstoffe, Spurenelemente, Licht) zum Mangel werden und den Ertrag begrenzen.

Im Interesse der Fische sollten etwa 60 mg/l CO_2 nicht überschritten werden. Die meisten der Fische in unseren Aquarien stammen aus tropischen Gewässern. In diesen können CO_2-Gehalte von 60 mg/l und höher durchaus vorkommen (siehe Teil E: Analysen tropischer Gewässer). Das bedeutet, dass den meisten unserer Aquarienfische derartige Werte in ihren Heimatbiotopen nicht fremd sind. Die schönsten Pflanzenparadiese fand ich in Quellregionen; das Fotografieren dieser Biotope fiel mir häufig schwer, denn ich wurde oft maßlos gekitzelt durch Scharen von Fischen, die neugierig an meinen Beinhaaren herumzupften; CO_2-Messungen ergaben 80 mg/l und weit darüber. Bild C9-5.

Versuche an Guppys ergaben, dass sogar bei Werten über 800 mg/l keine unmittelbare Giftwirkung erkennbar war, sofern der Sauerstoff-Partialdruck genügend hoch war. Im Aquarium aber sollten im Interesse der Fische extreme CO_2-Gehalte vermieden

Bild C9-5: Neugierige Fische (*Danio aequipinnatus*) schwimmen auch in Regionen mit extrem hohen CO_2-Gehalten freiwillig hinein. Hier zupfen sie unentwegt an den Beinhaaren des Fotografen herum und machen es ihm äußerst schwer, die Kamera ruhig zu halten.

werden. Für Pflanzenaquarien mit Fischen haben sich CO_2-Werte um etwa 25-30 mg/l bewährt; gegebenenfalls muss die Karbonathärte so weit herabgesetzt werden, dass keine KH-Bildner als Kalk ausfallen können. Zur ständigen Überwachung des CO_2-Gehaltes sind im Zoohandel praktische Dauertests erhältlich (Bild C9-6).

Erhöhen. Der CO_2-Gehalt im Wasser lässt sich leicht durch Zugabe von CO_2-Gas erhöhen. Der Zoohandel bietet verschiedene CO_2-Düngegeräte an. Diese sollten mindestens einen Monat lang, also auch während des Urlaubs, wartungsfrei arbeiten können. Für die Dimensionierung gilt die Faustregel: Ein 100-l-Aquarium mit durchschnittlicher Bepflanzung und Wasserbewegung benötigt pro Tag ungefähr 1,0 bis 1,3 Gramm CO_2-Düngung. Ausführliche Hinweise für CO_2-Düngeanlagen enthält KRAUSES „Handbuch Aquarientechnik".

Während der ersten Betriebszeit, aber auch nach Änderungen an Filter oder Wasserumwälzung, muss der CO_2-Gehalt häufig überwacht werden.

Senken. Selten erforderlich. Nötigenfalls mit einer Kreiselpumpe die Wasseroberfläche kräftig bewegen; der CO_2-Gehalt sinkt schnell bis auf etwa 0,5 mg/l.

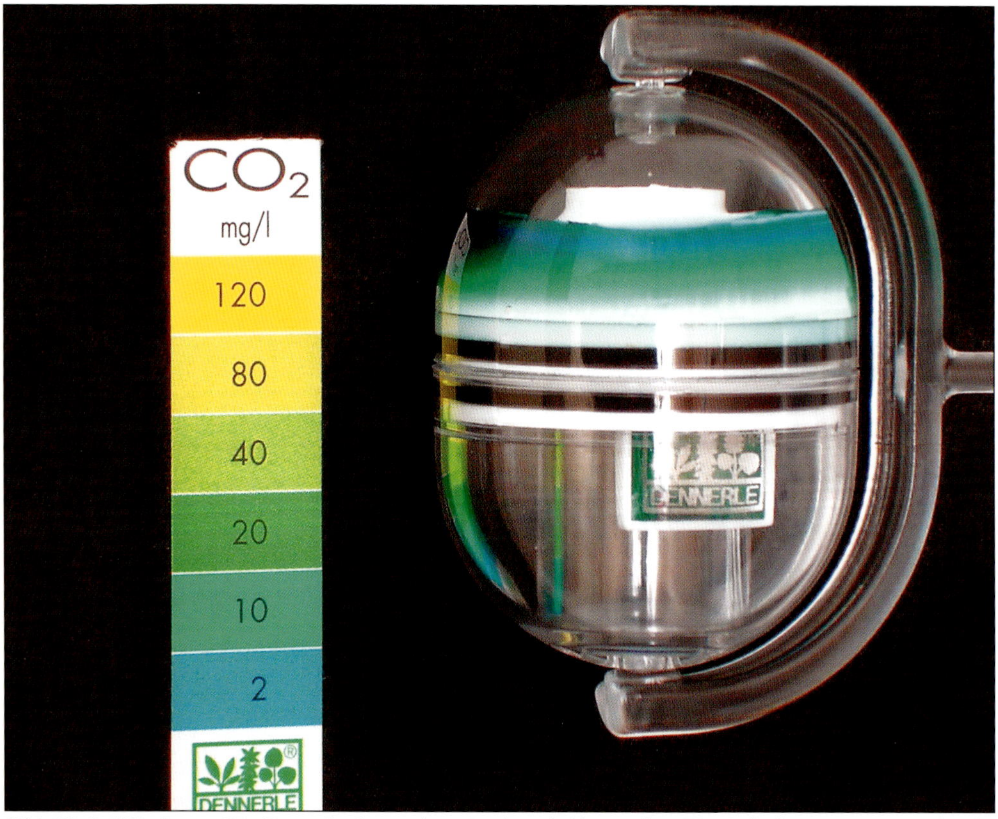

Bild C9-6: Mit einem CO_2-Dauertest aus dem Zoohandel kann der CO_2-Gehalt im Aquarium leicht überwacht werden.

10. Kupfer Cu^{2+}

Bedeutung. Das Halbedelmetall Kupfer kann im Wasser als Ion gelöst sein, und zwar vorwiegend in zweiwertiger, seltener in einwertiger Form. In natürlichen Wässern kommt es praktisch nicht vor. Dagegen kann Leitungswasser erhebliche Mengen an Kupfer enthalten, das sich aus Kupferröhren, in denen sich kein schützender Kalk abgelagert hat, herausgelöst hat. Insbesondere heißes Wasser, das über Nacht in Heißwasserbereitern mit Kupferleitungen gestanden hat, kann mehrere mg/l Kupfer enthalten. Ab etwa 3 mg/l Kupfer bekommt das Wasser einen metallischen, bitteren Nachgeschmack; ab 5 mg/l ist es ungenießbar.

Die meisten Tiere und Pflanzen benötigen Kupfer in geringen Spuren zum Aufbau lebenswichtiger Enzyme. Der Mensch nimmt täglich etwa 0,01 mg Kupfer pro kg Körpergewicht auf. Einige Tiere, beispielsweise Krebse und Tintenfische, benötigen etwas mehr Kupfer, denn in ihrem Blut dient als Sauerstoffträger nicht das übliche, eisenhaltige Hämoglobin, sondern kupferhaltiges Hämocyanin.

Pflanzen benötigen Kupferspuren in verschiedenen Teilprozessen der Fotosynthese, insbesondere beim Aufbau von reduzierenden Enzymen.

Kupfer ist zwar lebensnotwendig, doch in höherer Konzentration wirkt es auf alle Organismen stark giftig, vor allem auf Kleinlebewesen wie etwa Wirbellose, Algen und Bakterien.

In der Aquaristik wird Kupfer gelegentlich bei der Bekämpfung von Hautparasiten verwendet. So wird gegen Oodinium ein Heilbad empfohlen mit 1,5 mg/l Kupfersulfat ($CuSO_4 \cdot 5H_2O$), entsprechend 0,38 mg/l Cu^{2+}. Für Kurzbäder werden sogar Konzentrationen bis zu 100 mg/l Kupfersulfat verwendet. Dabei ist jedoch größte Vorsicht geboten, weil sehr leicht die Grenze zur Giftigkeit überschritten wird.

Es ist schwierig, im Aquarium eine therapeutisch gewünschte Konzentration an Kupfer über längere Zeit aufrecht zu erhalten. Kupfer fällt leicht aus, meist als Kupfercarbonat, oder es wird häufig von organischen Verbindungen als Chelat gebunden. Dadurch wird es unwirksam und ist im Wasser kaum noch nachweisbar. Nachdosieren ist gefährlich, denn das Kupfer kann durch unerwartete Zwischenfälle wieder aktiviert werden, zum Beispiel wenn Kupferchelate im Filter durch Bakterien zerstört werden und dadurch das Kupfer wieder freigesetzt wird. Deshalb sollten alle Kupferbehandlungen niemals im Aquarium selbst, sondern stets in gesonderten Becken durchgeführt werden.

Kupferbehandlungen dürfen nicht durchgeführt werden in Gegenwart von Wasserstoffperoxid. Das Kupfer fällt sogleich als Oxid aus, wobei gleichzeitig starke Säuren freigesetzt werden, hier zum Beispiel Schwefelsäure:

$$CuSO_4 + H_2O_2 \rightarrow CuO_2 + H_2SO_4$$

Messung. Es sind mehrere Verfahren gebräuchlich. So kann Cu^{2+} reduziert werden zu Cu^{+} und dann mit 2,2-Bichinolin einen purpurroten Komplex ergeben. Oder das Kupfer wird in eine Diaminkuprat-Verbindung übergeführt, die mit Cuprizon zu einem königsblauen Farbkomplex reagiert.

Der Messbereich der meisten Kupfertests beginnt erst ab 0,1 mg/l. Das ist für aquaristische Zwecke zu unempfindlich.

Die Nachweisempfindlichkeit der Kupfertests lässt sich meist folgendermaßen verbessern: Die üblichen Prüfgefäße sind für etwa 1,5 cm Schichthöhe der Probe ausgelegt; man nehme statt dessen ein schlankes Reagenzglas, das eine Schichthöhe von 15 bis 20 cm erlaubt (Bild C10-1). Weil das Probenvolumen nun größer ist, muss entsprechend mehr Reagenz zugesetzt werden. Nach Umschwenken blickt man von oben in das Glas hinein auf eine weiße Unterlage. Durch erheblich höhere Wasserschicht lassen sich nun bereits geringe Farbreaktionen erkennen und damit noch etwa 0,01 mg/l Kupfer nachweisen.

Ein besonders einfacher Nachweis gelingt mit Natriumdiethyldithiocarbaminat (Laborhandel). Leider aber verdirbt dieses Reagenz leicht und muss bei 0 bis 6 °C gelagert werden. Von dem Reagenz werden 10 mg (etwa das Volumen eines Zündholzkopfes) in 20 ml Wasserprobe gelöst. Der pH-Wert muss zwischen 7,5 und 8,5 liegen, also vorher das CO_2 austreiben. In Anwesenheit von Kupfer färbt sich die Probe gelb. Bei 15 bis 20 cm Schichthöhe können noch 0,02 mg/l Cu^{2+} erkannt werden.

Prüfung. Es werden 0,393 g Kupfersulfat ($CuSO_4 \cdot 5H_2O$) in 500 ml Wasser gelöst. Nach Verdünnung 1:20 und nochmals 1:10 erhält man eine Prüflösung mit 1,0 mg/l Cu^{2+}-Ionen.

Grenzwerte. Die Verträglichkeitsgrenzen liegen nicht eindeutig fest, sondern sind abhängig von der Dauer der Einwirkung und von der übrigen Wasserzusammensetzung; deshalb streuen die Angaben in der Literatur stark. So wird in hartem Wasser das gelöste Kupfer sehr bald als $CuCO_3$ ausgefällt und damit dem Wasser entzogen. Auch wirken manche organischen Verbindungen als Chelator und nehmen dem Kupfer weitge-

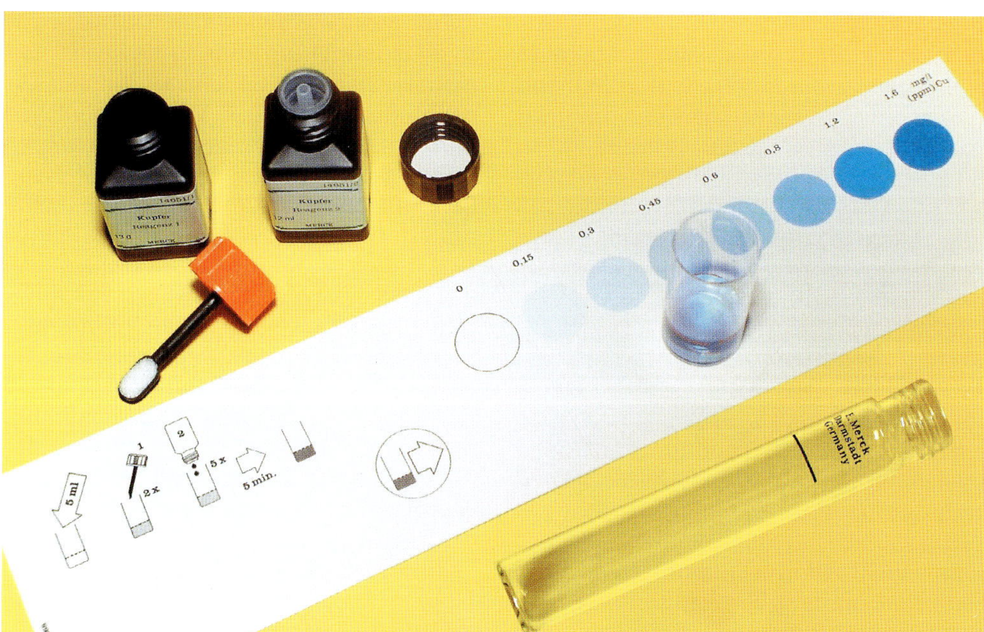

Bild C10-1: Dieser Kupfertest aus dem Laborhandel (Merck Nr. 114651) hat eine untere Nachweisgrenze von 0,15 mg/l Cu. Benutzt man das vorn liegende, höhere Reagenzglas, so wird die Empfindlichkeit erheblich gesteigert.

hend seine Giftwirkung; andererseits aber kann die Giftigkeit in Gegenwart von Cadmiumspuren auf das Fünffache gesteigert werden.

Bei Dauereinwirkung muss ab 0,2 bis 0,5 mg/l Cu^{2+} mit Todesfällen bei Fischen gerechnet werden. Schädigungen sind zu erwarten

ab 0,03 mg/l bei	Algen, insbesondere Blaualgen und Bakterien (Filterbakterien!),
ab 0,08 mg/l bei	Höheren Wasserpflanzen,
ab 0,10 mg/l bei	Fischen.

Insbesondere bei weichem Wasser gelten daher bereits 0,03 mg/l Kupfer als bedenklich und erfordern Gegenmaßnahmen.

Erhöhen. Nur bei der Behandlung von Krankheiten notwendig. Die Kur wird nicht im Aquarium durchgeführt, sondern in einem separaten Behandlungsbecken. Dosierung nach Angaben des Präparateherstellers.

In der normalen Aquarienpraxis ist keine Kupferzugabe erforderlich; für die Versorgung als Spurenelement gelangen genügende Mengen durch das Fischfutter hinein.

Senken. Am schnellsten und sichersten ist ein (Teil-)Wasserwechsel. Dabei darauf achten, dass das frische Leitungswasser nicht bereits Kupfer enthält. Nötigenfalls so lange aus der Leitung ablaufen lassen, bis kein Kupfer mehr nachweisbar ist.

Grundsätzlich kann die Giftwirkung von Kupfer durch Zusatz eines Chelators, beispielsweise EDTA, oder durch Filterung über Torf erheblich gemildert werden, jedoch bleibt das Kupfer dabei latent im Aquarium bestehen.

11. Leitfähigkeit LF

In der Aquarienliteratur wird die elektrische Leitfähigkeit des Wassers häufig auch Leitwert genannt. Das ist nicht korrekt, siehe DIN 38 404/8. Der Wasser-Fachmann versteht unter Leitwerten etwas völlig anderes, nämlich die Richtwerte von Parametern aller Art, beispielsweise Temperatur, Härte, Sauerstoff, pH-Wert und so weiter, nach denen er seine Anlage zu fahren hat (vgl. Leitlinie).

Des Weiteren wird in der Aquaristik als Einheit der Leitfähigkeit mitunter „µS" genannt. Das ist falsch. Richtig ist „S/cm" und als Untereinheit beispielsweise „µS/cm" (Mikro-Siemens pro Zentimeter). Das unmotiviert erscheinende „cm" kommt daher, dass die Leitfähigkeit abhängig ist vom Elektrodenabstand (cm) und vom Querschnitt des Stromflusses (cm^2); beim Kürzen cm/cm^2 bleibt dann übrig /cm.

Bedeutung. Ionen tragen eine elektrische Ladung und sind im Wasser beweglich. Deshalb ermöglichen sie einen elektrischen Stromfluss im Wasser. Die Leitfähigkeit ist um so besser, je mehr Ionen zugegen sind, je mehr Ladung sie tragen und je besser ihre Beweglichkeit ist. Letztere hängt ab vom Durchmesser der Ionen sowie von der inneren Reibung im Wasser.

Die elektrische Leitfähigkeit ist ein Summenmerkmal. Bestimmungen von Art und Menge der Ionen oder gelösten Salze sind nicht möglich. Weil aber die Süßwässer weitgehend gleichartig zusammengesetzt sind, erlaubt die elektrische Leitfähigkeit Rückschlüsse auf den Gesamtsalzgehalt des Wassers.

Die Härtebildner stellen in aller Regel den Hauptanteil der Salze, daher ist vor allem die Gesamthärte maßgebend für die Leitfähigkeit. Als grober Richtwert gilt: jedes °d Gesamthärte bewirkt eine Leitfähigkeit von 33 µS/cm. Dieser Richtwert gilt für Wässer mit durchschnittlicher Zusammensetzung (Standard-Ionenverhältnis) und erlaubt recht gute Abschätzungen. Werden beispielsweise in einem Wasser von 10 °d GH nicht ungefähr 330 µS/cm, sondern 420 µS/cm gemessen, dann sind neben den Calcium- und Magnesiumsalzen noch wesentliche Mengen anderer Salze enthalten. Das können Natrium-, Kalium- oder andere Salze sein.

Der Gesamtsalzgehalt, dessen Höhe durch Messen der elektrischen Leitfähigkeit abschätzbar ist, hat ganz erheblichen Einfluss auf osmotische Prozesse.

Unter Osmose versteht man die Wanderung von Wassermolekülen durch eine halbdurchlässige Trennwand, deren Poren zu eng sind, um Moleküle oder Ionen anderer Stoffe hindurchzulassen. Die Wanderung beginnt, sobald die an der Trennwand angrenzenden Lösungen unterschiedlich konzentriert sind; dabei versucht das Wasser, das Konzentrationsgefälle auszugleichen, es wandert also vom dünneren Medium zum konzentrierten hinüber. Wegen der damit verbundenen Volumenänderung kann ein erheblicher Druck aufgebaut werden. Siehe Bild C11-1.

Osmotische Vorgänge sind in der Biologie allgegenwärtig: Sie lassen den gesalzenen Rettich „weinen", reife Kirschen im Regen

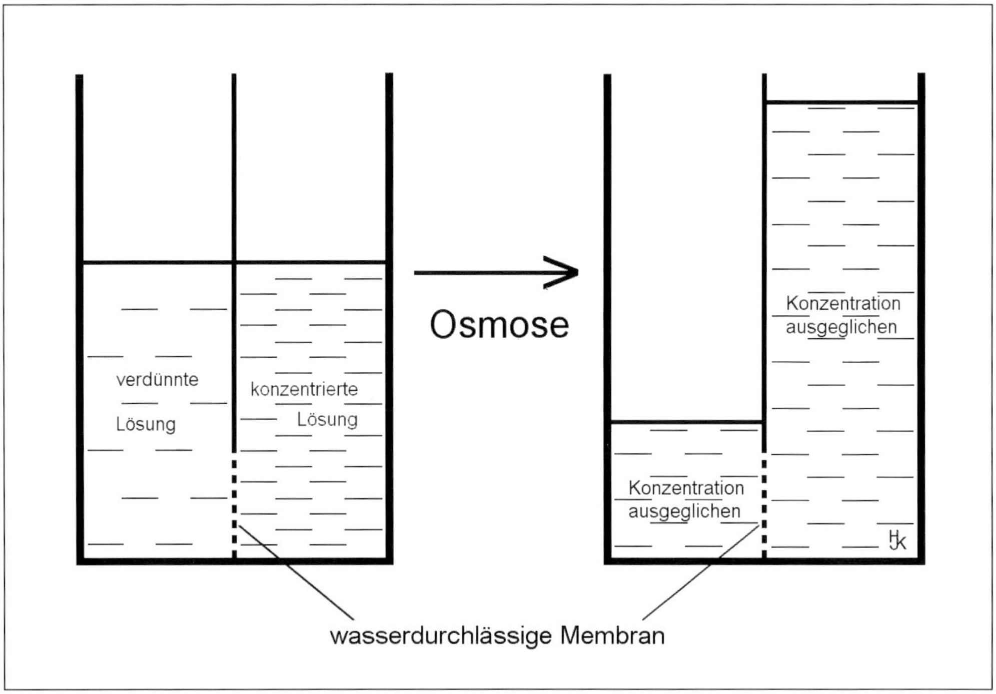

Bild C11-1: Konzentrationsunterschiede lösen eine Wanderung der Wassermoleküle aus, die von der dünneren Lösung durch die Membran hindurch zur konzentrierten Seite erfolgt. Dies währt so lange, bis die Konzentrationen auf beiden Seiten (annähernd) gleich sind. Eine geringe Differenz bleibt bestehen als Gegengewicht zu dem aufgebauten statischen Wasserdruck.

aufplatzen, bringen gezuckerte Erdbeeren zum Saften, erzeugen nach dem Genuss von Salzheringen Durst und so weiter.

Der Osmose wegen trinken Süßwasserfische nicht (im Gegensatz zu Meerwasserfischen). In ihr Gewebe diffundiert ständig Wasser ein, das über die Nieren wieder ausgeschieden werden muss.

Änderungen des Salzgehaltes und damit des osmotischen Druckes zwischen Umgebung und Zellinnerem lösen Schrumpf- beziehungsweise Quellprozesse aus. Ändert sich der osmotische Druck nur langsam, können die Zellen der Tiere und Pflanzen meist schadlos reagieren und sich anpassen. Ei- und Spermazellen vermögen es oft nicht, weshalb die Zucht vieler Fische aus Weichwasserregionen in hartem Wasser erfolglos bleibt.

Beim Umsetzen von Fischen oder Pflanzen müssen krasse Änderungen des osmotischen Druckes vermieden werden. Ob mit Osmose-Problemen gerechnet werden muss, lässt sich durch Messen der Leitfähigkeiten leicht feststellen. Fische und Pflanzen vertragen einen Wechsel von niedriger zu höherer Leitfähigkeit meist schadlos. Umgekehrt aber treten oft Schäden auf durch Aufquellen und schließlich Platzen der Zellen. So zeigt die Praxis immer wieder, dass beispielsweise Cryptocorynen regelmäßig zusammenbrechen, wenn sie von Wässern mit hoher zu solchen mit niedriger Leitfähigkeit umgesetzt werden.

Weil die Salze der Härtebildner meist den Hauptanteil der Leitfähigkeit stellen, erhält man durch Messen der Gesamthärte (GH) eine ähnliche Aussage.

Die osmotischen Prozesse bei Tier und Pflanze zeigen, dass die Membranen lebender Zellen, abweichend von der idealisierten Darstellung auf Bild C11-1, nicht nur Wassermoleküle passieren lassen, sondern auch kleine Ionen anderer Stoffe. Anderenfalls wäre ja kein Stoffwechsel der Zellen möglich. Die Schlupffähigkeit der Ionen hängt vor allem von ihrer Größe ab. Reiht man die verschiedenen Ionen ihrer nach Größe auf, so zeigt sich die Tendenz, dass ihre Größe zunimmt mit wachsender negativer Ladung und ihre Größe abnimmt mit wachsender positiver Ladung (Tabelle C11-A).

Tabelle C11-A: Einige Ionenradien in pm (1 pm (Picometer) = 1/1000 µm)

Cl^- = 181	Na^+ = 97	Mg^{2+} = 66
OH^- = 133	Fe^{2+} = 74	Fe^{3+} = 64

Hieraus folgt eine ganz wichtige Erkenntnis: Wässer mit gleicher Leitfähigkeit können unterschiedliche osmotische Eigenschaften haben! Wenn zum Beispiel mit einem „Nitratfilter“ (siehe unter Denitrifikation) Sulfat-Ionen entzogen werden im Austausch gegen Chlorid-Ionen, dann bleibt zwar die Leitfähigkeit praktisch gleich, aber das Wasser bekommt osmotisch andere Eigenschaften. So mancher Züchter wundert sich dann, dass die Nachkommenschaft ausbleibt.

Messung. Zwischen zwei Tauchelektroden wird eine Wechselspannung angelegt und der Stromfluss gemessen. Je höher der Stromfluss, desto höher ist die Leitfähigkeit. Die Maßeinheit lautet µS/cm (Mikro-Siemens pro cm); 1000 µS/cm ergeben 1 mS/cm (Milli-Siemens pro cm). Die in der Aquarienliteratur häufige Angabe µS ist falsch.

Temperatureinfluss. Die Beweglichkeit der Ionen im Wasser steigt mit der Temperatur. Deshalb muss bei der Messung auch die

Temperatur berücksichtigt und angegeben werden, sofern von der genormten und aquaristisch zweckmäßigen Bezugstemperatur 25 °C abgewichen wird. Komfortable Messgeräte erfassen gleichzeitig die Temperatur und rechnen auf den Standardwert um; bei einfachen Geräten muss man mit Hilfe der Tabelle C11-B korrigieren. Ein Messgerät mit Temperaturkompensation zeigt im Kapitel „pH-Wert" auf Seite 87 das Bild C18-4 links.

Tabelle C11-B: Korrekturfaktoren für Wässer mit abweichender Temperatur nach DIN/DEV

Leitfähigkeit (25 °C) = k x Messwert

°C	k	°C	k	°C	k
16	1,226	21	1,091	26	0,980
17	1,197	22	1,067	27	0,960
18	1,169	23	1,044	28	0,940
19	1,142	24	1,022	29	0,922
20	1,116	25	1,000	30	0,904

Beispiel: Es wurden 380 µS/cm bei 20 °C gemessen. Dann lautet das Ergebnis 1,116 x 380 = 424 µS/cm.

PH-Wert und Leitfähigkeit. Die Leitfähigkeit wird bestimmt von der Art und Menge der Ionen. Die Ionen sind bekanntlich aus Molekülen entstanden infolge Dissoziation, siehe im Kapitel „Im Wasser gelöste Stoffe". Die Dissoziation wird beeinflusst vom pH-Wert, man denke zum Beispiel an die pH-abhängige Umwandlung Ammonium/Ammoniak. Ein anderes Phänomen ist bei der Teilentsalzung zu beobachten: Wird dem stark sauren Ablauf zum Neutralisieren Rohwasser zugesetzt, sinkt die Leitfähigkeit, obwohl durch das Rohwasser doch Ladungsträger hinzugefügt werden. Wie kommt das?

Der pH-Wert ist Maß für die Konzentration an Wasserstoff-Ionen. Auch diese Ionen tragen zur Leitfähigkeit bei. Je kleiner der pH-Wert, desto mehr H^+-Ionen existieren und desto höher wird die Leitfähigkeit. Sieht man von der Gegenwart anderer Ionen, die ebenfalls zur Leitfähigkeit beitragen, ab, so ergibt sich allein durch den pH-Wert an sich eine Leitfähigkeit nach Tabelle C11-C.

Tabelle C11-C: Leitfähigkeit in µS/cm bei 25 °C verursacht durch den Gehalt an H^+-Ionen je nach pH-Wert

pH-Wert	LF (µS/cm)	pH-Wert	LF (µS/cm)
3,2	239	4,2	25,1
3,4	152	4,6	10,2
3,6	97	4,8	6,5
3,8	62	5,0	4,1
4,0	39	5,2	2,6

Zum Beispiel ist bei pH = 4,0 allein durch die Gegenwart der H^+-Ionen eine Leitfähigkeit von 39 µS/cm vorhanden. Folglich muss in belebten Wässern, die ja noch weitere Ionen enthalten (müssen), bei pH = 4,0 die Leitfähigkeit wesentlich über 40 µS/cm liegen.

Nicht wenige Messergebnisse an tropischen Schwarz- und Klarwässern erfüllen diese Bedingung nicht und müssen deshalb als fehlerhaft angesehen werden. Weil bei ionenarmen Wässern die Messung der Leitfähigkeit kaum Schwierigkeiten macht, die des pH-Wertes aber sehr, dürften eher die angegebenen pH-Werte falsch sein. Siehe auch die Anmerkung im Kapitel „Analysen tropischer Gewässer".

Prüfung. Nach DIN 38 404 Teil 8 hat eine 0,01-molare Kaliumchloridlösung (0,7456 g KCl pro Liter) bei 25 °C eine Leitfähigkeit von 1421 µS/cm. Durch Verdünnen 1:10 erhält

In diesem Aquarium beträgt der O_2-Gehalt nur 5,5 mg/l (abends gemessen). Ein wesentlicher Grund für den prächtigen Pflanzenwuchs! Trotzdem fühlen sich die Diskusfische wohl und laichen darin ab.

man eine Lösung mit einer Leitfähigkeit von 147,5 µS/cm bei 25 °C. – Hinweis: Die Leitfähigkeit ändert sich nicht proportional der Verdünnung, weil die Ionen sich in dünneren Lösungen leichter bewegen können.

Das zur Herstellung der Prüflösungen benutzte Wasser muss eine Leitfähigkeit von praktisch Null besitzen, außerdem muss das KCl vor dem Abwiegen sorgfältig getrocknet werden. Am sichersten bezieht man die Prüflösung fertig im Laborhandel.

Behelfsweise kann man auch eine Lösung mit 100 mg/l NaCl (Kochsalz) benutzen; diese hat eine Leitfähigkeit von 208,7 µS/cm bei 25 °C. Zur Herstellung nimmt man zum Beispiel genau 10,0 g Kochsalz, löst dieses in 100 ml Wasser und erhält so ein Konzentrat mit 100 g/l NaCl, das nun 1:1000 verdünnt werden muss. Dazu entnimmt man genau 1,0 ml und verdünnt auf 100 ml; der verdünnten Lösung entnimmt man 10 ml und verdünnt auf 100 ml. Diese Lösung hat die gewünschten 100 mg/l. – Hinweis: Weil das übliche Kochsalz kein reines NaCl ist, sondern beispielsweise noch Gleitmittel (z.B. $CaCO_3$) und Jodsalze enthält, muss man in der Regel mit etwa 5 % Fehler rechnen.

Erhöhen. In natürlichen Wässern stellen die Härtebildner den weitaus größten Anteil der Leitfähigkeit. Man erhöht deshalb am besten die Gesamt- und Karbonathärte (siehe dort).

Senken. Mischen mit vollentsalztem Wasser (Osmosegerät oder Ionenaustauscher).

12. Mangan Mn^{2+}

Bedeutung. Mangan ist ein lebenswichtiges Spurenelement für alle Organismen. Es ist ein häufiger Begleiter des Eisens und verhält sich ähnlich wie dieses.

Sauerstoffarme Quellwässer und Grundwässer können relativ reich an Mangan sein, Werte um 0,05 bis 1,5 mg/l Mn^{2+} sind typisch. Steigt der Sauerstoffgehalt im Wasser über etwa 2 mg/l, so wird das Mn^{2+} zum Mn^{4+} oxidiert und fällt als wasserunlösliche Verbindung aus, beispielsweise als Braunstein MnO_2. Oberflächenwässer sind wegen ihres höheren Sauerstoffgehaltes so gut wie manganfrei. Mangan kann auch in noch höheren Oxidationsstufen vorkommen als Mn^{5+} oder Mn^{7+}, aquaristische Bedeutung jedoch hat nur das zweiwertige Mangan (Mn^{2+}).

Mangan kann mit organischen Substanzen eine Chelatverbindung eingehen; es ist dann, ähnlich wie das Eisen, auch bei höheren O_2-Gehalten noch in „maskierter" Form im Wasser enthalten.

Pflanzen benötigen nur sehr geringe Manganmengen; die Trockenmasse gesunder Pflanzen enthält etwa 0,001 bis 0,005 % Mn.

Mangan spielt neben Eisen und Kupfer eine wichtige Rolle bei der Fotosynthese. Fehlt es, so wird der Wuchs stark behindert; es

Überraschung bei einer intensiven Biotop-Untersuchung: Aus dem dichten Cryptocorynenbestand heraus schlängelt sich blitzartig eine Wasserschlange.

genügen aber geringe Manganmengen, um ihn rasch wieder zu normalisieren.

Auch für Tiere ist Mangan ein lebenswichtiges Spurenelement. Es aktiviert zahlreiche Enzyme. Der Mensch nimmt täglich 2 bis 5 mg Mangan auf. Manganfrei ernährte Ratten zeigen ähnliche Symptome wie bei Mangel an Vitamin E (Fruchtbarkeits-Vitamin). Entsprechende Untersuchungen an Fischen sind nicht bekannt.

Im Aquarienwasser ist Manganmangel ähnlich häufig wie Eisenmangel. Fische sind davon kaum betroffen, sie werden über das Futter meist ausreichend versorgt. Aquarienpflanzen wachsen bei Manganmangel schlechter und entwickeln kleinere Blätter. Ein Wasserwechsel hilft nicht, denn Leitungswasser enthält so gut wie kein Mangan. Das gilt für alle Arten von Leitungswasser, denn Oberflächenwässer sind ohnehin praktisch mangan- und eisenfrei, und Grundwässern werden Mangan und Eisen bei der Aufbereitung entzogen.

Messung. Das wohl empfindlichste kolorimetrische Nachweisverfahren basiert auf Formaldoxim-Hydrochlorid, das mit Mangan einen rotbraunen Farbkomplex bildet. Trotzdem sind mindestens 8 cm Schichtdicke der Probe notwendig, um bei den aquaristisch üblichen Mengen noch eine ausreichend sichtbare Farbreaktion zu erhalten.

Geeignete Mangantests sind bisher nur im Laborhandel erhältlich. Es sollten noch 0,03 mg/l, besser 0,01 mg/l Mangan nachweisbar sein. Die üblichen Reagenzien sind jahrelang haltbar.

Prüfung. Es werden 0,358 g Manganchlorid ($MnCl_2 \cdot 4H_2O$) in etwas Wasser gelöst. Nach Zugabe von etwa 1 ml 25%iger Salzsäure wird mit Wasser auf 500 ml aufgefüllt. Durch Verdünnen 1:1000, besser 1:50 und nochmals 1:20, erhält man eine Prüflösung mit 0,20 mg/l Mn^{2+}-Ionen. Sie ist nur kurze Zeit haltbar.

Grenzwerte. Ab 0,5 bis 1,0 mg/l Mn^{2+} schmeckt das Wasser bitter und kann auf Fische giftig wirken. Die EG-Richtlinien erlauben im Trinkwasser wesentlich weniger Mangan (0,05 mg/l), jedoch nicht wegen physiologischer Unverträglichkeit, sondern weil es mit dem Luftsauerstoff leicht zu Braunstein (MnO_2) reagiert und dann grauschwarze, schwer entfernbare Flecke in Waschbecken und Wäsche verursacht.

Im Aquarium sollte der Mangangehalt zwischen 0,01 und 0,1 mg/l liegen. Sinkt er längere Zeit unter 0,01 mg/l, so reagieren die Pflanzen mit Wuchsstockungen. Bei einem Mangangehalt über 0,1 mg/l können leicht andere Nährstoffe verdrängt werden.

Erhöhen. Um vorzeitiges Ausfallen zu vermeiden, wäre die Zugabe als Chelat zweckmäßig. Manganchelate sind jedoch nicht handelsüblich. Erfreulicherweise aber hat die Aquarienpraxis gezeigt, dass auch einfache Mangansalze wirksam sind. Offenbar sind im Aquarienwasser meist genügend organische Verbindungen anwesend, die als Chelator wirksam werden.

Um in 100 Liter Wasser den Mangangehalt um 0,03 mg/l zu erhöhen, kann man 0,36 ml einer 30 %igen Lösung $MnCl_2 \cdot 4H_2O$ zugeben; das entspricht etwa 6 bis 7 Tropfen. (Die gleiche Substanz wird auch bei der Prüflösung verwendet). Eine besondere Anfertigung dieser sehr gut haltbaren Lösung erübrigt sich, wenn man einen chemischen Sauerstofftest (nach WINKLER) besitzt: Die Lösung ist identisch mit der als Erstes zuzugebenden O_2-Reagenz. Kennzeichen: blassrosa Farbe, neutraler pH-Wert.

Senken. Nicht erforderlich.

13. Natrium Na^+

Bedeutung. Im Süßwasser ist Natrium das dritthäufigste Kation; es kommt darin in Mengen von etwa 5 bis 30 mg/l vor (Meerwasser um 11000 mg/l). Das Natrium-Ion ist wesentlicher Bestandteil des Kochsalzes (NaCl).

Tiere benötigen Natrium-Ionen im Nervensystem, und zwar bei der Übertragung von Reizsignalen und bei der Muskelerregung. Der Natriumbedarf ist gering; die Nahrung enthält meist mehr als erforderlich.

Für die meisten Pflanzen (außer den Meerespflanzen) ist Natrium nicht lebensnotwendig. Pflanzenzuchten in natriumfreier Hydrokultur sind möglich.

Im Aquarienwasser spielt das Natrium-Ion kaum eine Rolle trotz seines reichlichen Vorkommens. Probleme können entstehen, wenn die Gesamthärte gering ist und zugleich ein hoher Wert für die Karbonathärte gemessen wird. Das Wasser enthält dann überwiegend Natriumhydrogencarbonat ($NaHCO_3$) und weniger Karbonathärte als erwartet. Dieser Zustand ist beschrieben im Kapitel „7. Härte, KH größer als GH?“.

Diese überaus dichten Bestände von *Crytocoryne cordata* liegen versteckt im Regenwald. Nur zufällig führt ein Trampelpfad daran vorbei.

Häufig wird angenommen, dass durch Füttern mit Salinenkrebsen größere Mengen an Natrium eingeschleppt werden. Das ist nicht der Fall, wenn die Futtertiere zuvor in einem Sieb gut abgespült werden, denn der Salzgehalt der Salinenkrebse ist nicht höher als der von anderen Tieren. Es sei daran erinnert, dass Schiffbrüchige ihrem Wassermangel durch Aussaugen von Fischen begegnen können.

Bestimmung. Im Labor wird das Natrium flammenfotometrisch bestimmt. Einfache, aquaristisch geeignete Verfahren sind nicht bekannt.

Prüfung. Entfällt.

Grenzwerte. Natrium-Ionen sind in weiten Grenzen verträglich, doch sollte der Natriumgehalt stets beurteilt werden im Zusammenhang mit den übrigen Kationen im Wasser. Ein Anteil von ungefähr 18 % entspricht dem Standard-Ionenverhältnis und ist deshalb für die meisten Süßwasser-Organismen optimal. Daraus ergibt sich ein Richtwert von 1,6 mg/l Na^+-Ionen pro °d Gesamthärte.

Erhöhen. Selten erforderlich. In 100 Liter Wasser wird durch 2,54 g Kochsalz der Na^+-Gehalt um 10 mg/l erhöht. Gleichzeitig steigt der Chloridgehalt um 15,4 mg/l.

Senken. Selten erforderlich. Wasserwechsel durchführen, nötigenfalls mit entsalztem Wasser.

14. Nitrat NO_3^-

Bedeutung. Das Nitrat-Ion ist die Endstufe der Nitrifikation, also der bakteriellen Oxidation des Ammoniaks:

Ammoniak (NH_3) → Nitrit (NO_2^-) → Nitrat (NO_3^-)

Gäbe es diesen Prozess nicht, so würden sich Ammoniak und Nitrit rasch zu toxischen Konzentrationen anhäufen. Deshalb wird am Ende dieses Abschnittes 'Bedeutung' auf den außerordentlich wichtigen Nitrifikations-Prozess ausführlicher eingegangen.

Die Urquellen des Nitrates sind vor allem die Stickstoffanteile des Eiweißes im Fischfutter sowie Fischausscheidungen (siehe „Ammonium"). Für den Hygieniker bedeutet Nitrat, dass das Wasser organisch verunreinigt worden war und danach eine biologische Selbstreinigung erfolgreich durchlaufen hat.

Tropengewässer mit üppigem Pflanzenwuchs enthalten meist sehr wenig Nitrat (siehe Wasseranalysen im Teil E). In vielen Aquarienwässern ist dagegen wesentlich mehr Nitrat vorhanden, vor allem bei schlechtem Pflanzenwuchs. Der Zusammenhang zwischen schlechtem Wuchs und hohem Nitratgehalt ist lange bekannt, wobei das eine als Ursache für das andere ebenso oft genannt wird, wie umgekehrt das andere für das eine. Umfangreiche Untersuchungen deckten den komplizierten Zusammenhang auf (Krause 1988): Ungünstig hohe Redoxspannungen (im Aquarium meist entstanden durch hohe Sauerstoffgehalte) fördern die Bildung von Nitrat und verschlechtern außerdem das Wuchsklima für die Pflanzen! Deshalb kann die Wuchshemmung nicht beseitigt werden durch Entfernen des Nitrates, sondern nur durch Senken übermäßig hoher O_2-Gehalte, wodurch als Folge dann auch die Nitratproduktion zurückgeht.

Pflanzen können zwar Nitrat als Stickstoffquelle nutzen, müssen es aber erst mit Hilfe mehrerer Enzyme über Nitrit zu Ammonium reduzieren. Dabei sind Eisen und Molybdän als Katalysator erforderlich (der Begriff Katalysator wird im Kapitel „Eisen" erläutert). Etwa 10-50 µg/l Mo und 20 µg/l Fe im Wasser genügen. Die Nitratreduktion verbraucht Energie, nämlich mindestens die Menge an Energie, die die Bakterien aus der Oxidation Ammoniak → Nitrit → Nitrat gewonnen haben. Deshalb bevorzugen die Pflanzen als Stickstoffquelle stets das Ammonium; Nitrat wird erst dann verwertet, wenn die Ammoniumquelle versagt. Diese Feststellung traf bereits vor über 40 Jahren Hückstedt (1965 a); siehe auch Mengel (1984).

Nitrifikation

Unter Nitrifikation versteht man die Umwandlung des Stickstoffes aus der Ammoniakform in die Nitratform. Diese Arbeit wird von verschiedenen Bakteriengruppen übernommen, die sich im Aquarium – insbesondere im Filter – angesiedelt haben. Sie gewinnen aus diesem oxidativ verlaufenden Prozess ihre Lebensenergie, vergleichsweise wie wir unsere Nahrung im Körper „verbrennen" (oxidieren), um Energie für unsere Lebensprozesse zu gewinnen.

Summarisch vereinfacht betrachtet, verläuft die Nitrifikation nach den folgenden Formeln. Um eine Vorstellung vom Stoffumsatz zu gewinnen, sind darunter die Molmassen der beteiligten Stoffe angegeben:

$$NH_3 + 2\,O_2 \rightarrow H^+ + NO_3^- + H_2O + \text{Energie}$$
$$17 + 64 \rightarrow 1 + 62 + 18 + 697\text{ kJ}$$

Wie ersichtlich entsteht bei der Oxidation des Ammoniak kein isoliertes Nitrat-Ion

NO_3^-, sondern außerdem ein H^+-Ion, also HNO_3. Dies ist Salpetersäure, eine starke Säure, die den pH-Wert senkt und die Bildner der Karbonathärte (HCO_3^-) angreift:

$$HNO_3 + 1/2\ Ca(HCO_3)_2 \rightarrow 1/2\ Ca(NO_3)_2 + H_2CO_3$$
$$63 \quad + \quad 20 + 61 \quad \rightarrow \quad 20 + 62 \quad + \quad 62$$

Es entstehen Calciumnitrat und Kohlensäure (H_2CO_3). Letztere dissoziiert im Wasser in H^+ und HCO_3^-, und es entstehen Kohlendioxid (CO_2) und Wasser:

$$H^+ + HCO_3^- \rightarrow CO_2 + H_2O$$
$$1 \ + \ 61 \quad \rightarrow \quad 44 \ + \ 18$$

Man muss durch diese einzelnen Abläufe nicht unbedingt durchblicken. Für die Aquarienpraxis genügt die Erkenntnis: Entstehen durch Nitrifikation 62 mg/l Nitrat, so werden 61 mg/l Hydrogencarbonat, also 2,8 °d KH, zerstört und 44 mg/l Kohlendioxid gebildet.

Weiterhin wichtig: Der pH-Wert vor allem von den beiden Gegenspielern Karbonathärte (alkalisch) und Kohlensäure (sauer) diktiert. Weil bei der Nitrifikation die Karbonathärte abnimmt und der Gehalt an Kohlensäure zunimmt, sinkt zwangsläufig der pH-Wert. Die Stärke der pH-Senkung ist nicht voraussagbar, insbesondere weil der übrige CO_2-Haushalt individuell verschieden ist.

Im Allgemeinen bereitet der sinkende pH-Wert kaum Probleme, siehe hierzu auch KRAUSE (1997): Der pH-Wert sinkt unaufhaltsam – was tun? Kritisch aber wird es bei Wässern mit geringer Karbonathärte oder wenn die KH – aus welchen Gründen auch immer – auf Null gesunken ist. Dann verläuft die Nitrifikation nur noch wie in der ersten Zeile dargestellt, also nur bis zur Bildung der Salpetersäure. Weil diese nicht mehr von KH-Bildnern aufgefangen wird, kann sie den pH-Wert kraftvoll herabdrücken und einen Säuresturz auslösen.

Diese Gefahr wird zwar dadurch gemildert, dass bei pH-Werten unter etwa 6,5 im Ammonium/Ammoniak-Gemisch nur noch Spuren von Ammoniak existieren (siehe Tabelle bei „Ammonium") und daher kaum noch Nitrifikation stattfindet, aber die Nitrifikation kommt nicht völlig zum Stillstand. Daher Vorsicht bei weichem Wasser in Massenzuchtbecken mit entsprechend kräftiger Filterung! Nötigenfalls die KH erhöhen wie im Kapitel „Karbonathärte" angegeben.

Messung. In Großbetrieben wird der Nitratgehalt physikalisch gemessen durch Absorption von UV-Strahlung; die Maxima liegen bei 218 und 228 nm. Für die Aquarienpraxis kommen nur einfache chemische Verfahren in Betracht:

Nitrat (NO_3^-) wird zu Nitrit (NO_2^-) reduziert und dieses dann gemessen. Ist außer Nitrat auch Nitrit zugegen, wird folglich die Summe von beiden gemessen. Daher muss bei sehr geringem Nitratgehalt auch der Nitritgehalt berücksichtigt werden: 1 mg/l Nitrit (NO_2^-) täuscht 1,35 mg/l Nitrat (NO_3^-) vor.

Als Reduktionsmittel eignen sich zum Beispiel die Legierungen nach ARNDT (65% Cu, 35% Mg) oder nach DEVARDA (50% Cu, 45% Al, 5% Zn).

Manche Nitrattests verderben rasch, weil deren Reduktionsmittel mit dem Luftsauerstoff reagieren. Daher die Behälter der Nitrattests unbedingt luftdicht verschließen und kühl aufbewahren.

Bestimmung nach HÜCKSTEDT (1965 b): Zu etwa 15 ml Wasserprobe werden eine Messerspitze Zinkpulver und 4-5 Tropfen konzentrierte Salzsäure gegeben. Es entsteht naszierender Wasserstoff, der das Nitrat in 15-20 Minuten bis zum Ammonium reduziert. Dann beseitigt man mit einem weiteren Tropfen Salzsäure eventuelle Zinkfällungen und verdünnt die Probe auf das Zehnfache. Nun wird der Ammoniumgehalt gemessen (siehe dort), dabei entsprechen 0,1 mg/l Ammonium jeweils 3,44 mg/l Nitrat in der ursprünglichen Wasserprobe.

Neben den zahlreichen Nitrattests mit Reagenzlösungen und -pulvern gibt es auch Teststäbchen. Sie sind sehr einfach zu handhaben und für orientierende Nitrat-Messungen gut geeignet (Bild C14-1).

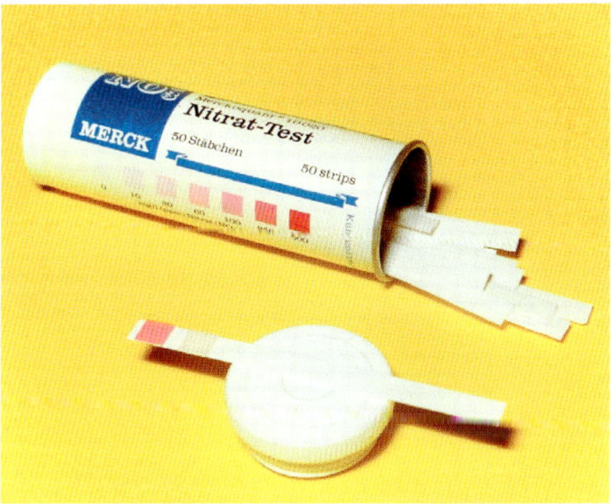

Bild C14-1: Nitrat-Teststäbchen sind sehr einfach zu handhaben und genügen für orientierende Messungen.

Prüfung. Es werden 0,326 g Kaliumnitrat (KNO_3) in 500 ml Wasser gelöst. Nach Verdünnung 1:10 erhält man eine Prüflösung mit 40 mg/l NO_3^--Ionen.

Orientierende Schnellprüfung auf Funktion: Leitungswasser enthält üblicherweise etwa 5 bis 50 mg/l Nitrat.

Grenzwerte. Die Trinkwasserverordnung erlaubt bis zu 50 mg/l. Manche Aquarianer streben Gehalte unter 20 mg/l an. Glaubwürdige Berichte über Nachteile oder gar Schäden bei höheren Werten sind nicht bekannt.

Dagegen kam ein kritischer und tiefgründig forschender Aquarienpionier schon vor 40 Jahren zu der sicheren Erkenntnis (HÜCKSTEDT 1965 c): „Nitrate in Mengen von einigen hundert Milligramm pro Liter sind physiologisch uninteressant, der angebliche 'Nitrattod' ist Einbildung“. Auch KÖHLER (1997) berichtet im DISKUS-BRIEF von problemlosen Diskusaquarien mit 100 mg/l, HARRINGER (1997) sogar von 250 mg/l. SCHMIDT (1996) kommt zu dem Schluss: „Glücklicherweise ist Nitrat für Süßwasserfische nicht toxischer als Kochsalz. 1000 mg/l werden meist noch toleriert, über Langzeiteffekte ist allerdings nur wenig bekannt“.

Aus Sicherheitsgründen aber sollten Werte über 150 mg/l vermieden werden. Es wächst das Risiko, dass bei Zwischenfällen (etwa ein kurzzeitiger Filterstillstand), zu viel Nitrit durch Nitratreduktion entstehen könnte.

Erhöhen. Unerwünscht.

Senken. Es gibt mehrere Möglichkeiten:

Wasserwechsel. Einfaches und biochemisch empfehlenswertes Verfahren, setzt aber Frischwasser mit wenig Nitrat voraus.

„Nitratsieb“. Es werden stark basische Anionen-Austauscher in der Chloridform verwendet. Unter Abgabe von Chlorid-Ionen nehmen sie bevorzugt Nitrat- und Sulfat-Ionen auf. Der Gesamtsalzgehalt des Wassers bleibt unverändert; das Ionenspektrum ändert sich jedoch stark.

Die Austauscheigenschaften schwanken während der Gebrauchsperiode. Anfangs werden neben Nitrat- und Sulfat-Ionen auch Hydrogencarbonat-Ionen entfernt, das heisst, die Karbonathärte sinkt. Ist die Austauschkapazität auf etwa 60 % gesunken, werden Hydrogencarbonat-Ionen nicht mehr entfernt, sondern zunehmend abgegeben; folglich hat das ablaufende Wasser eine höhere Karbonathärte als das zulaufende. Ist der Austauscher erschöpft, nimmt er kein Nitrat mehr auf, sondern gibt es sogar wieder reichlich ab. Er muss dann sogleich entfernt werden. Die verfügbare Nitrat-Kapazität des Austauschers hängt stark ab von Menge und Art der übrigen Anionen im Wasser.

Beispiel für den Ionenaustauscher Lewatit M600 (Fa.Bayer, Bezug über den Zoo- oder Laborhandel): Ein Liter Harz wird mit Aquarienwasser durchlaufen bei einer Geschwindigkeit von 0,2 l/min. Je nach Wasserzusammensetzung werden dabei 5 bis 40 Gramm Nitrat aufgenommen und äquivalent 2,8 bis 23 Gramm Chlorid abgegeben. Zum Regenerieren von 1 Liter M600 löst man in 3 Liter Wasser etwa 300 g Kochsalz und lässt es mit einer Temperatur von 30-40 °C langsam während 1 Stunde durch den Austauscher laufen. Abschließend entfernt man die Salzreste durch langsames Nachwaschen mit 8-10 Liter Leitungswasser während etwa 1 Stunde. Das Waschwasser darf zum Schluss keinen Salzgeschmack mehr haben.

Das Aquarienwasser enthält neben dem Ionengemisch auch organische Stoffe. Diese lagern sich beim Durchlaufen des „Nitratsiebes" zum Teil am Austauscher an, lassen sich aber durch Regenerieren nicht entfernen. Folglich verliert das „Nitratsieb" allmählich an Kapazität. Daher sollte man das Wasser für das „Nitratsieb" erst nach dem Aquarienfilter abzweigen in der Hoffnung, dass dort der Gehalt an organischen Stoffen zumindest etwas geringer ist als am Filterzulauf.

Das „Nitratsieb" hat folgende Nachteile:

- Die Karbonathärte schwankt erheblich je nach Beladungszustand des Austauschers.
- Nach der Behandlung steigt der Nitratgehalt wieder überraschend schnell an. Er kann in wenigen Tagen wieder annähernd die alte Höhe erreichen. Nur bei Dauergebrauch des „Nitratsiebes" bleibt der Nitratgehalt unter etwa 10 bis 15 mg/l. Ursache: Die Redoxspannung ist ungünstig hoch, das fördert die Nitratbildung.
- Nicht wenige Diskuszüchter berichten, dass der Nitratabbau gut funktionierte, aber die Nachzuchten ausblieben. Erst nach Entfernen des „Nitratsiebes" und Wasserwechsel war mit denselben Elterntieren wieder eine Nachzucht möglich.

Die Ursache dürfte in dem erheblich veränderten Ionenspektrum liegen. Besonders bedenklich ist das stark verschobene Verhältnis von zwei- zu einwertigen Ionen; so werden, wie erwähnt, auch zweiwertige Sulfat-Ionen entfernt und durch einwertige Chlorid-Ionen ersetzt. Der Radius der Ionen ist verschieden und damit ihre Schlupfmöglichkeit bei osmotischen Quellungsprozessen. Darauf reagieren Eier und Spermien sehr empfindlich. Siehe auch im Kapitel „Leitfähigkeit".

Denitrifikation. Unter anaeroben, also sauerstoffarmen Bedingungen, kann Nitrat (NO_3^-) durch Bakterien (z.B. Nitrococcus denitrificans, Thiobacillus denitrificans) stufenweise reduziert werden bis zum gasförmigen Stickstoff (N_2):

$$NO_3^- \rightarrow NO_2^- \rightarrow NO \rightarrow N_2O \rightarrow N_2$$

Die drei letztgenannten Verbindungen sind Gase. Das NO (Stickoxid) kann aber nur unter anaeroben Bedingungen existieren, die Reduktion muss also unbedingt weitergeführt werden. Die Gase N_2O (Lachgas) und N_2 (Stickstoff) entweichen in die Atmosphäre, die ohnehin zu 80% aus N_2 besteht. So wird Nitrat ersatzfrei aus dem Wasser entfernt.

Wie bei der zuvor ausführlicher beschriebenen Nitrifikation laufen auch bei der Denitrifikation weit kompliziertere Prozesse ab als in Kurzform darstellbar. Für die Aquarienpraxis genügt es zu wissen:

> Werden durch Denitrifikation 10 mg/l Nitrat eleminiert, steigt die Karbonathärte um 0,38 °d. Dadurch sowie durch die Freisetzung von OH^--Ionen steigt der pH-Wert.

Zwar ändern sich KH und pH-Wert im Vergleich zur Nitrifikation gegensinnig, aber es findet, wie schon ein Vergleich der KH-Umsätze zeigt, keine vollständige Kompensation statt.

Die Denitrifikation erfordert folgende Bedingungen: Gegenwart von oxidierbaren Substanzen, Sauerstoffgehalt unter 1,5 mg/l, Temperatur 18-35 °C, pH-Wert 6-9.

Ein sauerstoffarmes, denitrifizierendes Milieu kann im Filter folgendermaßen erzielt werden: Den Filterbakterien werden genügende Mengen organischer Substanzen angeboten und zugleich der Durchlauf des sauerstoffhaltigen Wassers stark gedrosselt. So wird den Bakterien bei hohem Nahrungsangebot und dementsprechend hohem Sauerstoffbedarf zu wenig gelöster Sauerstoff bereitgestellt. Die Filterbakterien entnehmen den benötigten Sauerstoff nun den sauerstoffhaltigen Verbindungen und zwar erstrangig dem Nitrat. Ist dieses

Zu den üblichen Erschwernissen bei chemischen Laborarbeiten vor Ort kommt in den Tropen oft die drückende Schwüle hinzu: 29 °C und 85 % rel. Feuchte.

aufgebraucht, können auch Sulfate zu Sulfiden reduziert werden.

Denitrifikations-Prozesse werden schon seit Jahrzehnten großtechnisch genutzt, und zwar bei der „anaeroben Wasserreinigung" und in den „Langsamfiltern". Es wird dabei eine ausgezeichnete Wasserqualität erzielt. Auch das Grundwasser, das als Trinkwasserquelle besonders hoch geschätzt wird, hat beim Durchsickern des Erdreiches anaerobe Reinigungsprozesse durchlaufen.

Im Bodengrund fast aller Aquarien laufen ebenfalls Denitrifikationsprozesse ab. Ist der Bodengrund genügend hoch und nicht zu locker, so kann sich im Porenwasser ein ausreichend sauerstoffarmes Milieu einstellen und Nitrat bis zum gasförmigen Stickstoff reduziert werden. Ein aquaristisch sehr positiver Prozess, der aber wegen seines geringen Umfanges meist unbemerkt bleibt.

Erheblich wirksamer gelingt die Denitrifikation in besonderen, sehr langsam laufenden Aquarienfiltern. Man kann unterscheiden zwischen Systemen, bei denen die notwendigen organischen Substanzen regelmäßig von Hand zugegeben werden müssen und solchen, bei denen die Filtermasse bereits mit den organischen Substanzen für mehrere Monate beladen ist. Versuche mit einer beladenen Filtermasse und ihre Ergebnisse unter verschiedenen aquaristischen Bedingungen beschreibt ausführlich KRAUSE (1985).

Beim Betrieb aller denitrifizierenden Filtern ist zu beachten:

– Der Sauerstoffgehalt im Filter muss genügend niedrig sein, sonst kann keine Denitrifikation stattfinden. In der Praxis darf das auslaufende Wasser nicht mehr als etwa 1,0 mg/l O_2 enthalten. Das kann durch genügendes Drosseln des Wasserdurchlaufes erreicht werden.

– Aus 1000 mg Nitrat (also zum Beispiel 10 Liter Wasser mit 100 mg/l NO_3) entstehen etwa 0,4 Liter N_2O- oder N_2-Gas. Davon wird nur ein Teil mit dem Wasser abtransportiert, der andere Teil kann als Gasblasen den Wasserdurchlauf behindern. Deshalb müssen die Filter von unten nach oben durchströmt werden um einen möglichst ungehinderten Abgang der Gasblasen zu ermöglichen.

– In den ersten Betriebstagen kann der Nitritgehalt kritisch hoch ansteigen, weil die Kette der denitrifizierenden Bakterienarten noch im Aufbau ist. Dann muss vorübergehend der Wasserdurchlauf fast auf Null gedrosselt werden, um die Nitritproduktion zu begrenzen und den O_2-Gehalt im Filter noch weiter zu senken. Nach der Einfahrzeit sinkt der Nitritgehalt wieder auf normale Werte.

Die Aquarienpraxis zeigt: Durch Denitrifikation kann der Nitratgehalt auf biologischem Wege bis unter 10 mg/l reduziert werden. Zugleich wird die Redoxspannung gesenkt und damit ein günstiges Wuchsklima für die Aquarienpflanzen erzielt.

Literatur

HARRINGER, Otto (1997): Keine Angst (mehr) vor erhöhtem Nitratgehalt. Diskus-Brief Heft 1, Seite 23, Augsburg.

HÜCKSTEDT, Guido (1965 a): Aquarienchemie, Seite 59. Franckh, Stuttgart.

HÜCKSTEDT, Guido (1965 b): Aquarienchemie, Seite 68. Franckh, Stuttgart.

HÜCKSTEDT, Guido (1965 c): Aquarientechnik, Seite 25. Franckh, Stuttgart.

KÖHLER, Horst (1997): Neubewertung der anzustrebenden Nitratwerte im Aquarium? Diskus-Brief Heft 1, Seite 20, Augsburg.

KRAUSE, Hanns-J. (1985): NITREX - die biologische Nitratentfernung. Aquarien- Magazin, Seite 366-369. Franckh-Verlag, Stuttgart.

KRAUSE , Hanns-J. (1988): Wasserpflanzen – Wuchsklima und Sauerstoff. Das Aquarium 1988 S. 529-532, 611-614, 653-656, 725-730; desgl. 1989 S. 23-26, 89-94, 155-158. Philler Verlag, Minden.

KRAUSE , Hanns-J. (1997): Der pH-Wert sinkt unaufhaltsam – was tun? Diskus Brief S. 53, Augsburg.

MENGEL, K. (1984): Ernährung und Stoffwechsel der Pflanze, Seite 135. Fischer Verlag, Stuttgart.

SCHMIDT, Prof. Dr. H. (1996): Vom Leitungswasser zum Aquarienwasser. 2. VDA-Süßwasser-Symposium, Fulda. Tagungsband S. 43.

15. Nitrit NO_2^-

Bedeutung. Nitrit entsteht im Regelfall durch Oxidation des Ammoniaks. Weil Ammoniak in nennenswerten Mengen erst ab einem pH-Wert von 6,5 und darüber existiert, kann im sauren Milieu kaum Nitrifikation stattfinden.

An der Nitrit-Produktion sind maßgebend beteiligt Bakterien der Gattung *Nitrosococcus*, *Nitrosomonas* und *Nitrosospira*. Aus dem Oxidationsprozess gewinnen sie ihre Lebensenergie. Um eine Vorstellung vom Stoffumsatz zu gewinnen, sind unter den chemischen Formeln auch die Molmassen der beteiligten Stoffe angegeben:

$$NH_3 + 3/2\ O_2 \rightarrow H^+ + NO_2^- + H_2O + \text{Energie}$$
$$17 + 48 \rightarrow 1 + 46 + 18 + 542\ \text{kJ}$$

Die neben dem Nitrit entstehenden H-Ionen werden von der KH abgefangen, wodurch der pH-Wert geringfügig sinken kann.

Normalerweise wird anschließend das Nitrit zügig weiteroxidiert zum Nitrat und zwar durch Bakterien der Gattung *Nitrobacter*, *Nitrococcus* und *Nitrospina*. Wenn die Weiteroxidation gestört ist, kann sich das Nitrit gefährlich anhäufen.

Das passiert beispielsweise beim ersten Gebrauch von neuem Filtermaterial, weil sich noch keine genügend leistungsfähigen Bakterienkolonien angesiedelt haben. Neues Filtermaterial benötigt etwa zwei bis drei Wochen Zeit, bis es biologisch eingefahren ist, und die Nitritstufe zügig durchlaufen wird. Die Einfahrzeit kann durch Animpfen verkürzt werden; hierzu entnimmt man einem eingefahrenen Filter etwas Filtermaterial, transportiert es feucht und legt es binnen zwei Stunden in den neuen Filter mit hinein, oder man drückt es unter Wasser im Ansaugbereich des Filters mehrmals aus. Weitere häufige Ursachen für hohe Nitritgehalte sind Überlastung des Aquariums durch zu dichten Fischbesatz oder zu klein dimensionierte Filter.

Häufig steigt der Nitritgehalt leicht an, wenn das Aquarienwasser mit Ultraviolett-Strahlung behandelt wird, beispielsweise mit einem UV-Wasserklärer. Die Ursache liegt vor allem darin, dass vermehrt tote Organismen anfallen, deren Stickstoffbestandteile freigesetzt werden.

Desweiteren kann UVC-Strahlung Nitrat zu Nitrit reduzieren. Die Wirkung ist am größten bei UVC mit einer Wellenlänge von 218 und 228 nm; denn hier ist die UV-Absorption und damit die Energieaufnahme durch das Nitrat am größten. Die UV-Wasserklärer arbeiten mit einer etwas größeren Wellenlänge (254 nm), deren nitratreduzierende Wirkung nur geringfügig ist. Bei UV-Wasserklärern mit hoher Leistung aber könnte dieser Effekt bemerkbar werden.

Nitrit ist giftig, weil es den lebenswichtigen roten Blutfarbstoff Hämoglobin physiologisch unwirksam macht. Hämoglobin dient als Sauerstoff-Transportmittel im Blut. Nitrit kann sich außerdem im Verdauungstrakt mit sekundären Aminen verbinden; es entstehen Nitrosamine, die als krebserregend gelten.

Bei hohem Angebot von H^+-Ionen, also bei niedrigen pH-Werten, wandelt sich ein Teil des Nitrit um in Salpetrige Säure. Die Umwandlung geschieht nach folgender Formel:

$$NO_2^- + H^+ \rightarrow HNO_2$$

Nitrit → Salpetrige Säure

Die Salpetrige Säure blockiert das Hämoglobin auf dieselbe Weise wie das Nitrit. Weil aber das HNO_2-Molekül keine Ladung trägt, ist sein Radius kleiner als der Radius des NO_2-Ions (siehe unter Osmose im Kapitel „Leitfähigkeit"). Folglich wird die Salpetrige Säure sehr viel leichter vom Fisch aufgenommen und wirkt deshalb weitaus giftiger als das Nitrit.

Messung. Die Wassertests messen das Nitrit-Ion, nicht die Salpetrige Säure. Deren Anteil kann Tabelle C15-A entnommen werden.

Grundlage der meisten Tests ist die „Griess-Reaktion": Ein aromatisches Amin wird durch Nitrit umgewandelt in ein Diazoniumsalz. Dieses kuppelt mit Naphthyl-Ethylendiamin und bildet einen roten Azo-Farbstoff. Dessen Farbintensität ist Maß für den Nitritgehalt.

Viele Nitrittests enthalten alle Komponenten vereint zu einem einzigen Reagenz. Das erleichtert die Anwendung. Die Haltbarkeit der meisten Nitrittests ist sehr gut. Verdorbene Tests pflegen zu wenig oder gar kein Nitrit anzuzeigen.

Prüfung. Es werden 0,185 g Kaliumnitrit (KNO_2) in 500 ml Wasser gelöst. Nach Verdünnung 1:200 erhält man eine Prüflösung mit 1,0 mg/l NO_2. Die Lösung ist nur kurze Zeit haltbar.

Orientierende Schnellprüfung auf Funktion: Speichel enthält unerwartet hohe Mengen an Nitrit, nämlich etwa 5 bis 10 mg/l NO_2.

Grenzwerte. Sauberes Wasser ist nitritfrei. Die Trinkwasserverordnung erlaubt bis zu 0,1 mg/l NO_2^-. Aquarienwasser enthält oft Konzentrationen um etwa 0,02 bis 0,1 mg/l, das ist harmlos. Die Gefahrengrenze für Fische ist abhängig vom Gehalt an Sauerstoff, Kohlendioxid, Chlorid-Ionen (u. a. Verdrängung!) und vor allem vom pH-Wert, denn mit sinkendem pH-Wert entsteht zunehmend die stark giftige Salpetrige Säure (HNO_2).

Tabelle C15-A:
Anteil HNO_2 in µg/l (Mikrogramm pro Liter) bei 25 °C je nach pH-Wert

NO_2^- mg/l	pH-Wert 5,0	5,25	5,5	5,75	6,0	6,25	6,5	6,75	7,0
0,1	2,2	1,2	0,7	0,4	0,2	0,1	0,1	<0,1	<0,1
0,2	4,4	2,5	1,4	0,8	0,4	0,2	0,1	0,1	<0,1
0,4	8,8	4,9	2,8	1,6	0,9	0,5	0,3	0,2	<0,1
0,6	13	7,4	4,2	2,3	1,3	0,7	0,4	0,2	0,1
1,0	22	12	7,0	3,9	2,2	1,2	0,7	0,4	0,2
2,0	44	25	14	7,8	4,4	2,5	1,4	0,8	0,4
4,0	88	49	28	16	8,8	4,9	2,8	1,6	0,9
6,0	132	74	42	23	13	7,4	4,2	2,3	1,3
10,0	220	124	70	39	22	12	7,0	3,9	2,2

In der Teichwirtschaft gilt für Karpfen als Grenzwert 0,4 bis 0,5 µg/l (Mikrogramm pro Liter).

Deshalb gilt in der Teichwirtschaft als Kriterium weniger der Gehalt an NO_2^-, sondern der an HNO_2. Als Grenzwert beispielsweise für Karpfen gelten etwa nur 0,0004 bis 0,0005 mg/l HNO_2 (also 0,4 bis 0,5 µg/l). Für die meisten Aquarienfische dürfte der Grenzwert zwar etwas höher liegen, leider aber stehen genaue Untersuchungen noch aus.

Tabelle C15-A zeigt den Anteil der Salpetrigen Säure, der aus dem Nitrit-Ion bei niedrigem pH-Wert entsteht. Der besseren Übersicht wegen sind die HNO_2-Konzentrationen nicht in mg/l, sondern in µg/l angegeben (1 µg = 0,001 mg).

Tabelle C15-A zeigt, dass Berichte über die Harmlosigkeit von etlichen mg/l Nitrit durchaus glaubwürdig sind. Es kommt ganz auf den pH-Wert an!

Unabhängig von der Tabelle sind im normalen, eingefahrenen Aquarium Werte über 0,2 mg/l Nitrit grundsätzlich vermeidbar und daher zu beanstanden. Sie weisen hin auf erhebliche Störungen im Bakterienhaushalt oder auf überlastete Aquarien und Filter.

Erhöhen. Unerwünscht.

Senken. Ist der Nitritgehalt zu hoch, senkt man ihn am besten durch einen (Teil-)Wasserwechsel. Steigt die Konzentration in wenigen Tagen wieder hoch an, so ist – bei eingefahrenem Filter – der Filter entschieden zu klein oder das Aquarium erheblich überbesetzt!

Der Nitritgehalt sinkt auch bei Ozonbehandlung, denn Ozon (O_3) unterstützt die Oxidationsprozesse im Aquarium. Wenn aber der Nitritgehalt nur bei ständiger Ozonung genügend niedrig gehalten werden kann, sind Aquarium und Filter überlastet!

16. Organische Verbindungen

Bedeutung. Die organischen Verbindungen wurden einst als Bestandteile der lebenden Organismen entdeckt, später fand man sie auch in toter Materie. Heute versteht man unter organischen Verbindungen solche, bei denen die Kohlenstoffatome ein Gerüst bilden aus geraden oder verzweigten Ketten, Ringen oder ähnlichen Gebilden; an das Gerüst sind andere Elemente eingehängt, vor allem Wasserstoff, Sauerstoff, Stickstoff Schwefel und Phosphor, oder auch Gruppen von Elementen. Die Bindungsmöglichkeiten sind außerordentlich vielfältig, deshalb existieren schätzungsweise etwa fünf Millionen verschiedene organische Verbindungen.

Natürliche, belebte Gewässer enthalten regelmäßig überraschend große Mengen an organischen Verbindungen. Eine Faustregel in der Gewässerkunde besagt, dass im Wasser etwa 10 bis 20mal mehr totes organisches Material gelöst ist, als in der lebenden Biomasse (Plankton, Fische, Pflanzen) gebunden ist.

Die im Wasser gelösten organischen Verbindungen sind größtenteils tierische oder pflanzliche Ausscheidungen oder die Zersetzungsprodukte abgestorbener Organismen. Aus streng hygienischer Sicht sind sie eindeutig Verunreinigungen des Wassers. Weil sie aber für andere Lebewesen wiederum Nährstoffe sind und damit die Nahrungskette unterstützen, können sie indirekt die Entwicklung von Fischen und Pflanzen fördern.

Wässer aus moorigen Gebieten enthalten besonders viele organische Verbindungen, vor allem Humusstoffe. Diese entstehen bei unvollständiger Zersetzung von Pflanzenresten (Torfbildung). Es sind vorwiegend Humin- und Fulvosäuren, beide geben dem Wasser den typischen schwachen Säure-

Bild C16-1: Der Rio Aracá (nördlich des Rio Negro) ist ein typischer Schwarzwasserfluss. Seine dunkelbraune, teeähnliche Farbe weist hin auf einen hohen Gehalt an Huminstoffen.

charakter. Die Fulvosäuren erzeugen außerdem die typische braune Färbung der Moorwässer und der Schwarzwasserflüsse, wie sie beispielsweise in einigen Gebieten von Indonesien, Malaysia und Amazonien (Bild C16-1) vorkommen.

Zum Vergleich einige Angaben aus natürlichen Gewässern: Grundwasser enthält normalerweise keine organischen Verbindungen, Oberflächenwässer etwa 2 bis 25 mg/l, tropische Schwarzwässer einige 100 mg/l.

Im Aquarienwasser stammen die organischen Verbindungen aus abgestorbenen Kleinlebewesen, Pflanzen- und Futterresten sowie Ausscheidungen der Fische. Es sind also vor allem Eiweiße, Fette, Kohlenhydrate und Harnstoff. Deshalb werden organische Verbindungen als hygienisch unerwünschte Verunreinigungen des Wassers angesehen. Nach Wachtel (1988) belasten 100 Gramm Fisch (etwa 100 Stück ausgewachsene Rote Neon) das Wasser täglich mit organischen Substanzen entsprechend einer Menge von 500 bis 1000 mg/l BSB5.

Die meisten der organischen Verbindungen werden in einem eingefahrenen Aquarium, und noch wirkungsvoller im Filter, mit Bakterienhilfe allmählich aufgespalten in relativ harmlose Verbindungen, Wasser und Kohlendioxid, wobei die verschiedensten Zwischenstufen durchlaufen werden.

Die Aquarienpraxis hat gezeigt, dass im Wasser ein Mindestgehalt an organischen Substanzen notwendig ist, insbesondere für das Wohlbefinden der Fische. Frisches, also „sauberes" Leitungswasser wirkt aggressiv auf Schleimhäute und Kiemen; erfahrungsgemäß brechen in frisch eingerichteten Aquarien sowie nach umfangreichen Wasserwechseln sehr leicht Krankheiten aus.

Die Aggressivität des frischen Wassers kann gemildert werden durch Zusatz geeigneter organischer Verbindungen, wie etwa Ethylcellulose oder manchen anderen Cellulosederivaten. Sehr gut geeignet sind auch die früher in der Medizin als Blutersatzstoff benutzten Polyvinylpyrrolidone (MG etwa 6 000 bis 50 000). Ein einmaliger Zusatz von ungefähr 10 mg/l hat sich bewährt.

Auch Wasserpflanzen reagieren sehr dankbar auf eine Mindestmenge an organischen Substanzen, zumal von diesen viele als Chelator wirken und somit als schützende Nährstoffträger dienen für oxidationsempfindliche Nährstoffe. Außerdem können organische Substanzen während ihrer bakteriellen Zerlegung Redoxprozesse auslösen, durch die bereits ausgefällte Nährstoffe wieder wasserlöslich und damit pflanzenverfügbar werden. Zum Beispiel kann in einem eingefahrenen Aquarium ein kleiner Zusatz von Citronensäure den Eisengehalt im Wasser deutlich anheben; mit einer äquivalenten Menge Salzsäure gelingt das nicht! Deshalb kann bereits der Zusatz allein eines Chelators wuchsanregend wirken. Besser geeignet als Citronensäure ist beispielsweise die Ethylendiamintetraessigsäure (Ethylendinitrilotetraessigsäure, EDTA), sie ist in fast allen Düngepräparaten enthalten. Die Synthetika (EDTA, EDDHA, NTA usw.) sind chemisch sehr stabil, aber in ihrer biologischen Wirkung oft deutlich unterlegen gegenüber Chelatoren natürlichen Ursprunges; der Grund könnte darin liegen, dass die Pflanzen mit den weniger stabilen, natürlichen Chelatoren (bisher noch?) besser umgehen können.

Zu den natürlichen Chelatoren gehören beispielsweise die Huminstoffe. STEINBERG und STABEL (1978) haben deren Wirkung in natürlichen Gewässern genauer untersucht und festgestellt, dass zumeist das Eisen besonders stabil chelatisiert wird. Hier eine der gefundenen Bindungsreihen:

$$Fe > Ni > Mn > Cu > Cr > Pb$$

Diese Erkenntnisse und Erfahrungen zeigen, dass ein im hygienischen Sinne sauberes (Trink-)Wasser kein ideales Aquarienwasser sein kann. Daraus folgt, dass im Aquarium durch zu intensive Filterung durchaus Probleme entstehen können. Und tatsächlich sind nicht wenige Aquarien überfiltert!

Ein zu hoher Gehalt an organischen Verbindungen ist aus tierhygienischer Sicht unerwünscht. Auch kommt es vor, dass Fischmedikamente durch organische Stoffe gebunden oder chelatisiert werden; dadurch kann der Eindruck entstehen, das Medikament sei kaum noch wirksam oder der Krankheitserreger sei resistent geworden. Nachdosieren kann gefährlich sein; denn falls die Verbindungen durch irgendwelche Milieu-Änderungen aufbrechen, werden die (oft nicht ungiftigen) Medikamente wieder voll aktiv. Ein typisches Beispiel dafür ist das Kupfer, siehe dort.

Messung. Genaue Bestimmungen der organischen Stoffe nach Art und Menge erfordern extrem hohen Laboraufwand. Deshalb sind physikalische oder chemische Summenbestimmungen üblich.

Physikalisch. Hierzu zählt die Bestimmung der UV-Absorption mit einem Spektrometer, denn zahlreiche organische Verbindungen haben die Eigenschaft, Ultraviolett-Strahlung zu absorbieren.

Das Messprinzip zeigt Bild C16-2: Eine UV-durchlässige Küvette wird mit Reinwasser gefüllt und auf einer Seite mit einer UV-Quelle angestrahlt. Auf der gegenüberliegenden Seite misst beispielsweise eine UV-Fotodiode die Intensität der durchgelassenen Strahlung. Dann wird die Küvette mit dem zu untersuchenden Wasser gefüllt und die Messung wiederholt. Viele Inhaltsstoffe der Wasserprobe dämpfen die UV-Strahlung zusätzlich, und die Anzeige des UV-Sensors sinkt. Es sind vor allem organische Verbindungen, welche die UV-Strahlung absorbieren, daher sind Rückschlüsse auf deren Gehalt möglich. Angaben über Art und Menge der einzelnen Stoffe sind jedoch nicht möglich, es ist also eine summarische Messung, ähnlich wie es beim Messen der Leitfähigkeit der Fall ist.

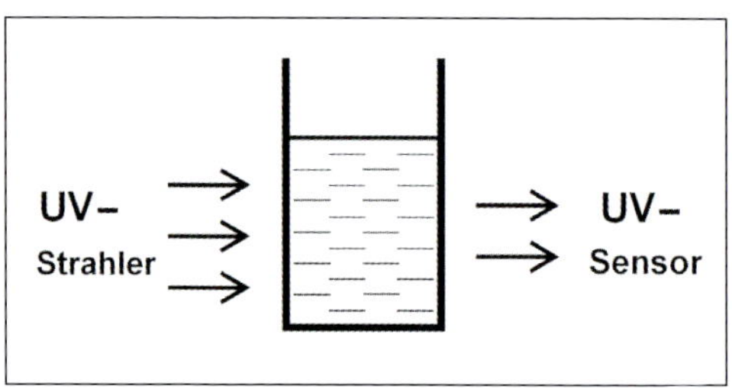

Bild C16-2: Prinzip einer Absorptionsmessung.

Als Messgröße dient der SAK-Wert (Spektraler Absorptions-Koeffizient). Die Stärke der Absorption hängt nicht nur ab von der Menge und Art der einzelnen Stoffe, sondern auch von der benutzten UV-Wellenlänge, diese muss daher beim Messergebnis mit angegeben werden. Es gibt keine ideale Wellenlänge; die Wasserwerker haben sich aus praktischen Erwägungen auf die Folgenden geeinigt: beim Abwasser 254 nm, beim Trinkwasser 436 nm[1].

[1] 1 nm (Nanometer) sind 0,000.001 mm.

In die Aquaristik konnte sich das Verfahren bisher aus Preisgründen nicht einführen. Ein elektronisch versierter Aquarianer hat ein handliches Spektrometer für 405 nm entwickelt und stellt für engagierte Aquarianer auch Einzelstücke her (Bild C16-3).

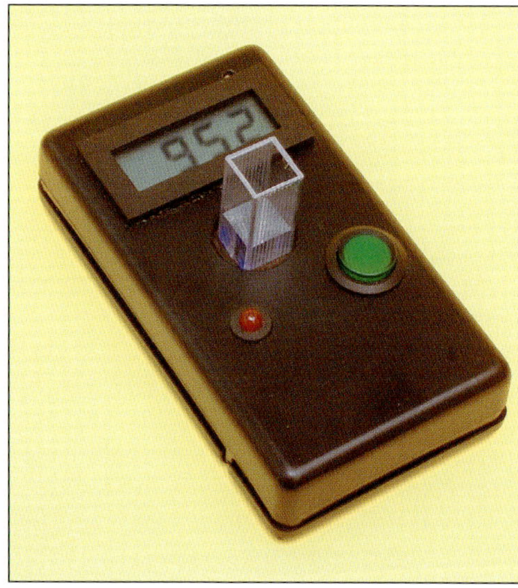

Bild C16-3: Prototyp eines Spektrometers (405 nm) für die Aquaristik, mit dem die organische Belastung des Wassers verfolgt werden kann. Informationen durch G. Sieweke, Lange Stücke 54, 38442 Wolfsburg.

Ein anderer physikalischer Effekt kann für Praktiker zum Abschätzen dienen: Viele organische Verbindungen senken die Oberflächenspannung des Wassers. In frischem Leitungswasser bleiben Schaumblasen an der Oberfläche nur für Sekundenbruchteile bestehen; Standzeiten von mehreren Sekunden sind im Süßwasser stets ein deutlicher Hinweis auf organische Verbindungen. (Gilt nicht für Meerwasser!)

Chemisch. Messprinzip ist meist die chemische oder biochemische Oxidation der organischen Verbindungen. Folgende Verfahren sind üblich und in den Deutschen Einheitsverfahren (DEV) genau festgelegt:

- „**C**hemischer **S**auerstoff-**B**edarf" (CSB). Die in der Wasserprobe enthaltenen organischen Substanzen werden in 148 °C heißer Kaliumdichromat-Lösung oxidiert, der Verbrauch an Kaliumdichromat wird umgerechnet als Sauerstoffverbrauch.

- „Kaliumpermanganat-Verbrauch". Die Wasserprobe wird nach Zusatz von Kaliumpermanganat ($KMnO_4$) gekocht. Die zur Oxidation der organischen Verbindungen verbrauchte Menge an $KMnO_4$ wird in mg/l angegeben.

- „Gehalt an organischem Kohlenstoff" (**T**otal **O**rganic **C**arbon, TOC). Das Verfahren basiert auf Hochtemperatur-Oxidation bei 950 °C mit Luftsauerstoff an Cobalt- oder Nickeloxid-Katalysatoren. Es wird die Menge des bei der Verbrennung gebildeten CO_2 gemessen und der umgesetzte Kohlenstoff (C) in mg/l berechnet.

Bild C16-4: Ein professioneller O_2-Test mit einer Messgenauigkeit von 0,1 mg/l O_2 aus dem Laborhandel (Merck 1.11107).

- „**B**iochemischer **S**auerstoff-**B**edarf in **5** Tagen" (BSB5). Die organischen Verbindungen in der Wasserprobe werden bakteriell oxidiert und der dabei verbrauchte Sauerstoff angegeben.

Die Ergebnisse aller Verfahren sind nicht streng miteinander vergleichbar, denn die verschiedenen Substanzen sind unterschiedlich oxidierbar. So werden beispielsweise Huminstoffe beim TOC-Verfahren vollständig erfasst, beim BSB5 jedoch nur teilweise, weil sie gegen Bakterienangriff recht widerstandsfähig sind.

Alle chemischen Verfahren erfordern erheblichen Laboraufwand. Für die Aquaristik eignet sich folgendes, vereinfachtes BSB5-Verfahren. Voraussetzung ist ein O_2-Test mit einer Messgenauigkeit von 0,1 mg/l O_2, wie zum Beispiel der Test auf Bild C16-4. Elektrische O_2-Messgeräte eignen sich weniger, weil durch die notwendige Bewegung der Elektrode Sauerstoff eingespült werden kann und dadurch Messfehler entstehen.

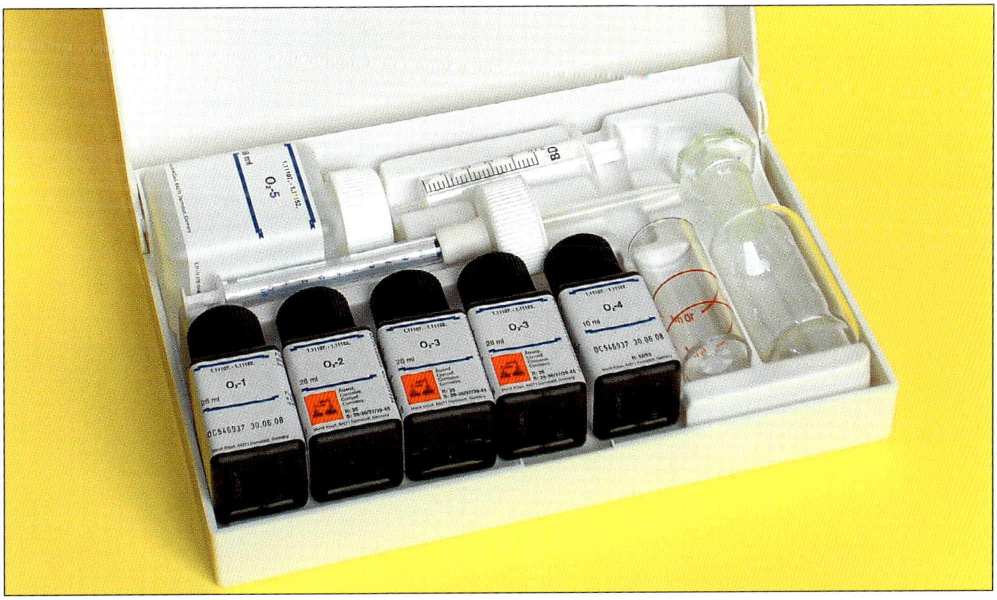

Bestimmung des Biochemischen Sauerstoff-Bedarfes (BSB5), vereinfacht:

1. Eine Wasserprobe (etwa 0,25 bis 0,5 l) wird mittels Luftpumpe für einige Minuten belüftet. Dadurch stellt sich ein definierter und reproduzierbarer Anfangs-Sauerstoffgehalt ein; bei 20 °C wären dies 9,1 mg/l (s. Kapitel „Sauerstoff").

2. Dann wird die Wasserprobe luftblasenfrei verschlossen und bei konstanter Temperatur (20 °C) im Dunkeln aufbewahrt.

   Die Mikroorganismen im Wasser beginnen nun, die organischen Verbindungen so weit wie möglich zu zerlegen, wobei Sauerstoff verbraucht wird. Der Sauerstoffgehalt in der Probe nimmt daher ab.

3. Nach 5 Tagen wird der Sauerstoffgehalt gemessen. Die O_2-Differenz zwischen Beginn und Ende des Versuches ist der gesuchte Biochemische Sauerstoffbedarf BSB5. Je höher der Gehalt an (bakteriell zerlegbaren) organischen Verbindungen, desto höher ist der BSB5.

   Sind bei Versuchsende weniger als 2 mg/l O_2 messbar, muss der Versuch mit einer neuen, verdünnten Probe wiederholt werden. Das Messergebnis wird dann mit dem Verdünnungsfaktor multipliziert.

Das BSB5-Verfahren ist aus mehreren Gründen störanfällig. So wird der O_2-Verbrauch beeinflusst durch pH-Wert, Nährsalze sowie Anzahl und Art der vorhandenen Mikroorganismen. Außerdem binden anorganische Oxidationsprozesse, die zur gleichen Zeit ablaufen, ebenfalls Sauerstoff; so verbraucht die Umsetzung von 0,1 mg/l NH_4^+ zu NO_3^- bereits 0,46 mg/l Sauerstoff. Die Aussagekraft des BSB5 ist daher begrenzt; verlässliche Vergleiche sind nur bei identischen Messbedingungen möglich.

Prüfung. Entfällt.

Grenzwerte. Sauberes Trinkwasser hat 0 mg/l BSB5. In der Aquaristik liegen über Grenzwerte kaum Erfahrungen vor. Die Aquarienliteratur ist spärlich; nach Wachtel (1982) sind im Aquarium Werte zwischen 1,5 und 4 mg/l BSB5 üblich.

Wegen der Störanfälligkeit der BSB5-Bestimmung und möglicher Varianten im Verfahren sind die angegebenen Werte keineswegs als verbindlich anzusehen.

Erhöhen. Dem Frischwasser können die bereits erwähnten Polyvinylpyrrolidone, Ethylcellulose oder EDTA zugegeben werden und zwar etwa 10 mg/l. Das EDTA in der Grundform ist schlecht wasserlöslich, deshalb wird besser dessen Natriumsalz (Na-EDTA) verwendet, das unter verschiedenen Handelsnamen erhältlich ist, zum Beispiel als Titriplex III®. Im Zoohandel sind eine Reihe von Fertigpräparaten erhältlich, deren Rezepte auf den erwähnten Grundsubstanzen basieren.

Im eingefahrenen Aquarium sind normalerweise keine Zusätze erforderlich, denn mit dem Fischfutter werden laufend organische Verbindungen zugeführt, die durch den Stoffwechsel von Fischen und Mikroorganismen allmählich umgesetzt werden.

Senken. Bei zu hohem BSB5 ist die bakterielle Abbauleistung zu gering oder der Fischbesatz zu hoch. Daher leistungsfähigere Filter installieren oder besser den Fischbestand drastisch reduzieren! Im akuten Notfall Wasserwechsel durchführen. In besonderen Fällen hilft Filtern über Aktivkohle; diese adsorbiert viele organische Verbindungen, darunter Farbstoffe, Pestizide (also Insektizide, Herbizide, Fungizide usw.), Huminstoffe und Medikamente. Unbedingt auf aquarienerprobte Qualität der Aktivkohle achten! Manche Sorten verändern den pH-Wert des Wassers unerwünscht oder geben giftige Substanzen aus dem Herstellungsprozess ab.

Filterung

Der Abbau organischer Verbindungen durch Bakterien geschieht grundsätzlich überall dort, wo sich Bakterien ansiedeln können: auf jedem Sandkorn, jeder Dekoration, auf den Glasscheiben, also im gesamten Aquarium. Im Filter laufen genau dieselben Prozesse ab, jedoch konzentrierter. Nach Untersuchungen des Biologen WACHTEL (1988) senkt ein gut funktionierender Filter mit 6 Liter Volumen in einem 200-Liter-Aquarium die organische Belastung etwa auf die Hälfte (gemessen als BSB5). Das bedeutet: Ein 6-Liter-Filter kann ungefähr die gleiche Abbauleistung erbringen wie ein 200-Liter-Aquarium für sich allein.

Aquarienfilter arbeiten überwiegend oxidativ, das heißt, sie zerlegen die organischen Wasserinhaltsstoffe mit Bakterienhilfe unter Bindung von Sauerstoff. Reduktive Filter werden nur in Sonderfällen benutzt, zum Beispiel zum Senken des Nitratgehaltes. Die Einzelprozesse der biochemischen Oxidation verlaufen außerordentlich kompliziert. Ihr genauer Verlauf hängt unter anderem ab von Temperatur, Sauerstoffgehalt und Art der organischen Verbindungen. Ganz grob betrachtet werden beispielsweise die Eiweiße in folgenden Schritten zerlegt, wobei jedesmal andere Bakteriengruppen aktiv werden:

Eiweiße → Peptide → Aminosäuren → Ammonium → Nitrit → Nitrat.

Tabelle C16-A zeigt den Stoffumsatz deutlicher.

Aus 100 g Eiweiß entstehen 324 g andere Substanzen. Die Mengenzunahme geschieht durch Bindung von zusätzlichem Sauerstoff, der dem durchfließenden Wasser entnommen wird. Daraus folgt: Ein biologisch ordnungsgemäß arbeitender Aquarienfilter verbraucht Sauerstoff. Und zwar je 1 Gramm organische Verbindungen etwa 2,2 Gramm Sauerstoff.

Tabelle C16-A: Stoffumsatz bei der Zerlegung von Eiweiß

Kohlenstoff	C	50 g	→		→	Kohlensäure	CO_2	183 g
Sauerstoff	O	25 g	→		→	wird wieder gebunden !		
Stickstoff	N	17 g	→	Umsetzung	→	Nitrat	NO_3	75 g
Wasserstoff	H	7 g	→		→	Wasser	H_2O	63 g
Schwefel	S	1 g	→		→	Sulfat	SO_4	3 g
Eiweiß		100 g	——→			umgesetzt ——→		324 g

Das Filtermaterial selbst nimmt am Filterprozess nicht teil, sondern es dient nur als Siedlungsfläche für die Bakterienkolonien. Deshalb soll es eine möglichst große „innere“ Oberfläche besitzen und sich chemisch neutral verhalten. Besonders bewährt hat sich Material, das auch einen Anteil sehr feiner Poren besitzt, wo das Wasser längere Zeit verweilen kann. Hier bilden sich sauerstoffarme Inseln, in denen Reduktionsprozesse den Abbau organischer Verbindungen wesentlich unterstützen. Auch die Aufbereitung kommunaler Abwässer erfolgt grundsätzlich oxidativ u n d reduktiv. Solche günstigen Prozess- Kombinationen bieten manche Schaumstoffe. Im Vergleich dazu hat sich Filtermaterial mit glatter Oberfläche, wie Keramik-Ringe oder grobe Kiesel, nicht bewährt.

Die technische Bauform des Filters (Außen-, Innen-, Topf-, Riesel-, Flächenfilter usw.) kann den Wirkungsgrad des Filterung beeinflussen infolge unterschiedlicher Sauerstoffversorgung. Jedoch bleibt der oxidative biochemische Filterprozess prinzipiell derselbe.

Die erforderliche Größe eines Filters hängt nicht ab von der Größe des Aquariums – wie Filterprospekte oft behaupten –, sondern von der Menge der anfallenden organischen Verbindungen. Entscheidend ist also der Fischbesatz, oder genauer gesagt, die dem System „Aquarium“ zugeführte Menge an Futter; dabei ist es gleichgültig, ob das Futter ungefressen im Wasser zerweicht oder erst einen Umweg über den Fischdarm nimmt. So muss beispielsweise ein mit 120 Neonfischen reichlich besetztes 80-Liter-Becken sehr intensiv gefiltert werden, dagegen benötigt ein 500-l-Pflanzenaquarium mit nur 30 Neonfischen überhaupt keinen Filter.

Bei jedem neuen Filter dauert es mehrere Wochen, bis sich darin genügend leistungsfähige Bakterienkolonien entwickelt haben. Durch Animpfen mit etwas gebrauchtem Filtermaterial lässt sich der Vorgang beschleunigen. Grundsätzlich aber kann die Filterleistung erst beurteilt werden, wenn die Aquarienanlage mindestens ein bis zwei Monate ungestört in Betrieb war, und zwar beispielsweise durch Messen des BSB5. Gute Hinweise liefert auch der Nitritgehalt, der sich in Minutenschnelle bestimmen lässt: Die Filterleistung ist eindeutig zu gering, wenn nach der Einlaufzeit immer noch mehr als 0,2 mg/l NO_2 messbar sind. Zu hohe Filterleistungen dagegen behindern erfahrungsgemäß den Wuchs der Aquarienpflanzen, weil wichtige Pflanzennährstoffe (Eisen u.a.) zu rasch oxidiert und ausgefiltert werden!

Ausführliche Angaben über Grundlagen der Filterung und Filterpraxis einschließlich richtiger Dimensionierung enthält Krauses „Handbuch Aquarientechnik“.

Literatur.

DIN 38 409 Teil 51: Bestimmung des Biochemischen Sauerstoffbedarfes in n Tagen. Beuth-Verlag, 10772 Berlin.

Krause, Hanns-J. (2004): Handbuch Aquarientechnik. 4. Auflage. bede-Verlag, Ruhmannsfelden.

Wachtel, H. (1982): Erfahrungen mit dem Biotropfkörper. DATZ 36, Seite 179. Reimar-Hobbing Verlag, Essen.

Wachtel , H. (1988): Zur Aquarienökologie: Filtertechnik. DATZ 41, Heft 4, Seite 42-44. Ulmer, Stuttgart.

Steinberg, C. und Stabel, H. (1978): Untersuchungen über gelöste organische Substanzen und ihre Beziehungen zu Spurenmetallen. Vom Wasser 51, Seite 11-32.

17. Ozon O_3

Bedeutung. Das normale Sauerstoff-Molekül besteht aus zwei Atomen, es hat deshalb die chemische Formel O_2. Beim Ozon haben sich drei Atome zu einem Gasmolekül zusammengeschlossen, es hat deshalb die Formel O_3. Ozon entsteht aus normalem Sauerstoff beispielsweise durch Einwirkung kurzwelliger UV-Strahlung unter 242 nm oder elektrische Entladungen. Ozon wiegt 1,65mal schwerer als Luft. Es hat einen typischen, stechenden Geruch, der noch in einer Verdünnung von 1:500 000 wahrnehmbar ist.

Ozon zerfällt allmählich in die normale Form des Sauerstoffes nach folgender Gleichung:

$$O_3 \rightarrow O_2 + 1/2\, O_2$$

Das freigesetzte Einzel-Sauerstoffatom, hier in der Formel als halbes Molekül beschrieben, ist außerordentlich reaktionsfreudig und macht Ozon zum stärksten bekannten Oxidationsmittel nach Fluor. Ozon zerstört viele organische Verbindungen und kann Bakterien und Viren abtöten. Bei stärkerer Konzentration werden auch Höhere Tiere und Pflanzen unmittelbar geschädigt.

In der Aquaristik wird gelegentlich Ozon benutzt, um die oxidativen Reinigungsprozesse zu unterstützen, denn viele Eiweißabbauprodukte werden durch Ozon schnell zerlegt, sowie Nitrit rasch in Nitrat übergeführt. Deshalb kann Ozon bei der Intensiv-Fischhaltung und in der Meerwasser-Aquaristik ein wertvolles Hilfsmittel sein. Nach Sander (1986) sollte Ozon jedoch nicht eingesetzt werden bei Luftatmern (Ozon lagert sich ab auf der Wasseroberfläche), Fischen mit Schleierschwänzen und Diskus-Nachzuchten, solange diese vom Hautsekret der Elterntiere leben.

Ozon darf nicht zugleich mit Medikamenten angewendet werden. Es muss mit deren Zerstörung und mit unerwünschten Nebenwirkungen gerechnet werden.

Die wasserentkeimende Wirkung des Ozons wird oft stark überschätzt. Nach den Erfahrungen der Trinkwasserwerke sind dazu mindestens 0,3 mg/l O_3 erforderlich. Diese Konzentration lässt sich jedoch mit aquaristisch üblichen Geräten kaum erreichen. Ein steriles Aquarienwasser ist ohnehin nicht erwünscht.

Ozon oxidiert empfindliche Nährstoffe, wie Eisen und Mangan, zu nichtwasserlöslichen Verbindungen. Dadurch kann der Pflanzenwuchs leicht ins Stocken geraten. Nährstoffchelate bieten keinen Schutz, weil Ozon auch die Chelatoren angreift und zerstört. Ozon ist deshalb für Pflanzenaquarien nicht geeignet.

Ozon ist nicht lagerfähig, es wird bei Bedarf elektrisch erzeugt. Ein Ozongerät besteht prinzipiell aus einer Sprühkammer, an die eine Hochspannung von 3 000 Volt oder höher angelegt wird. In der Sprühkammer läuft unter leisem Knistern eine so genannte Stille Entladung ab. Wird Luft durch die Kammer geleitet, so wandelt sich unter dem Einfluss der Stillen Entladung ein kleiner Teil des Luftsauerstoffes um in Ozon.

Die Luft, die dem Ozongerät zugeführt wird, soll möglichst trocken sein. Dann kann die Ozonkonzentration etwa 0,1 % erreichen; bei feuchter Luft sinkt die Ozon-Ausbeute beträchtlich. Deshalb die Luft nicht in unmittelbarer Nähe des Aquariums ansaugen. Am besten leitet man die zum Ozongerät führende Luft über ein Filter mit Silica-Gel zum Trocknen. Vorteilhaft ist so genanntes Blaugel, das ist ein Silica-Gel mit Feuchte-Indikator; es signalisiert seine Erschöpfung deutlich durch Farbumschlag von blau nach

Im Tiefland von Sri Lanka: Natürlicher Standort von *Echinodorus bleheri* (früher *E. paniculatus*).

rosa. Silica-Gel kann im Backofen bei 150 °C leicht wieder regeneriert werden.

Das Trocknen der Luft bringt noch einen weiteren Vorteil: Wasserdampf kann durch elektrische Entladungen zum Teil mit dem Luftstickstoff reagieren. Dabei bilden sich in unter anderem auch Stickstoffsalze, die sich auf den Elektroden niederschlagen und die Ozonausbeute herabsetzen. Dann muss man die Elektroden reinigen, um die volle Ozonleistung wieder herzustellen. Ozongeräte sollten sich unbedingt zerlegen lassen.

Messung. Genaue Messungen sind nur mit labormäßigem Aufwand möglich: In 100 ml Wasserprobe gibt man 0,5 g Kaliumjodid als Indikator und etwas Schwefelsäure. Dann wird mit einer 0,01 N-Thiosulfatlösung bis zur Entfärbung titriert; je 1 ml verbrauchte Thiosulfatlösung entspricht 0,48 mg/l Ozon.

Einfach zu handhabende Ozontests sind im Laborhandel erhältlich. Sie sollten bereits ab 0,01 mg/l Ozon sicher reagieren.

Für die Aquarienpraxis genügt der Nachweis von Ozon überhaupt. Hierzu sind die meisten Chlortests geeignet. Es empfiehlt sich, die Nachweisempfindlichkeit durch Vergrößern der Schichthöhe beim Farbvergleich zu erhöhen, wie es bei der Messung von Chlor (Seite 24) und Kupfer (Seite 55) beschrieben ist.

Hinweis: Aquarienwasser enthält kein Ozon, solange darin Nitrit (NO_2^-) nachweisbar ist.

Prüfung. Entfällt.

Grenzwerte. Im Aquarienwasser darf kein Ozon nachweisbar sein, sonst muss mit Schädigung der Fische (und Pflanzen) gerechnet werden. Ozon darf allein in der dafür vorgesehenen Filterkammmer wirken. Das die Kammer verlassende Wasser leitet man sicherheitshalber über Aktivkohle; dabei wird das Ozon bei ausreichend langer Kontaktzeit katalytisch zerlegt.

Im Zimmer darf kein Ozongeruch wahrnehmbar sein! Die Gesundheitsbehörden beurteilen Luft mit mehr als 0,12 mg/m³ Ozon als bedenklich, aber erst die 10 bis 20fache Menge macht sich als Geruch bemerkbar. Ständige Ozonbelastung erzeugt Kopfschmerz, unter Umständen sogar Übelkeit und das Gefühl einer Erkältung. Nötigenfalls die Abluft der Ozonkammer ins Freie leiten!

Erhöhen. Siehe Gebrauchsanweisung des Gerätes.

Senken. Siehe Gebrauchsanweisung des Gerätes. Falls Ozon im Aquarienwasser nachweisbar ist, Aktivkohlefilter in den Filterauslauf einfügen!

Literatur.

SANDER, Erwin (1986): Technischer Ratgeber für Aquarienfreunde. Firma Sander, Elektroapparatebau, 31311 Uetze.

SANDER, Martin (1998): Aquarientechnik im Süß- und Seewasser, Seite 121-132. Ulmer Verlag, Stuttgart.

18. pH-Wert

Bedeutung. Was man nicht unbedingt wissen muss: Der Begriff pH (lat.: **p**otentia **H**ydrogenii) bezeichnet den negativen dekadischen Logarithmus der Konzentration an Wasserstoff-Ionen. – Erläuterung: Die Wassermoleküle dissoziieren in H^+- und OH^--Ionen wie folgt

$$H_2O \leftrightarrow H^+ + OH^-$$

Die Dissoziation erfolgt in äußerst geringem Maße. So enthält ein Liter reines Wasser nur 1/10 000 000 g (= 10^{-7} g) H^+-Ionen. Da es die gleiche Anzahl an H^+- und an OH^--Ionen enthält, reagiert es neutral. Gibt man durch Säurezusatz weitere H^+-Ionen hinzu (die Anzahl der OH^--Ionen sinkt dabei nach dem Massenwirkungsgesetz), so sind beispielsweise anstelle vorher 10^{-7} nun 10^{-6} g/l H^+-Ionen vorhanden. Man kann auch die Konzentration der H^+-Ionen durch Neutralisation verringern auf beispielsweise 10^{-8} g/l. Und so fort. Der Einfachheit halber gibt man für die Konzentration der H^+-Ionen und damit für den Säuregrad nicht die vollständige Zahl an, sondern nur den Exponenten (als positive Zahl), und nennt ihn pH-Wert. Der Berufs-Chemiker möge mir diese geradezu brutale Vereinfachung der Transparenz wegen verzeihen.

Für die Aquarienpraxis sollte man wissen: Der pH-Wert kennzeichnet das Kräfteverhältnis der Säuren und Basen im Wasser. Ist das Verhältnis ausgewogen, so liegt der pH-Wert bei 7, also in der neutralen Mitte der pH-Skala, die den Bereich 0 bis 14 umfasst. Überwiegen die Säuren, so sinkt der pH-Wert unter 7. Überwiegen die Basen (Laugen), so steigt der pH-Wert über 7.

Reines H_2O, also destilliertes oder entsalztes Wasser, hat einen pH-Wert von 7,0. Das gilt aber nur so lange, wie das Wasser unter Luftabschluss aufbewahrt wird. Denn sobald es Kohlendioxid aus der Luft aufnehmen kann, bildet sich Kohlensäure, und der pH-Wert sinkt ab auf etwa 5,4 bis 5,3.

$$CO_2 + H_2O \leftrightarrow H_2CO_3$$

Kohlendioxid + Wasser ↔ Kohlensäure

Die pH-Skala verläuft logarithmisch, das heißt, jede pH-Stufe bedeutet eine Verzehnfachung der Mengen an Säuren beziehungsweise Basen. Beispiel: Ein Wasser mit einem pH-Wert 5 enthält zehnmal so viel Säure wie ein Wasser mit einem pH-Wert 6; und dieses wiederum zehnmal so viel Säuren wie ein Wasser mit einem pH-Wert 7. So wird verständlich, dass Änderungen um nur eine pH-Stufe erhebliche biologische Folgen haben können.

Der pH-Wert gibt keinerlei Auskunft über die Art oder Mengen der beteiligten Säuren oder Basen. Genau derselbe pH-Wert kann sowohl durch große Mengen einer schwachen Säure zustande kommen wie auch durch geringe Mengen einer starken Säure.

Daraus folgt: Der pH-Wert ist zweifellos eine wichtige Größe, doch er hat – für sich allein betrachtet – keineswegs die überragende Bedeutung, die ihm in der Aquaristik häufig zugedacht wird. Noch wichtiger als der pH-Wert selbst ist nämlich, durch welche Stoffe er zustandegekommen ist!

Ein alltägliches Beispiel: Die Qualität einer säuerlich schmeckenden Limonade hängt entscheidend davon ab, ob ihr pH-Wert eingestellt wurde mit Kohlensäure, Zitronensaft, Essig oder Salzsäure. Ganz ähnlich empfinden Fische und Pflanzen im Aquarium!

Der pH-Wert kann die Löslichkeit oder gar Existenz mancher Stoffe beeinflussen. Zum Beispiel lösen sich Eisen und Mangan leichter im sauren Milieu, also bei niedrigen pH-

Werten, während Ammoniak nur bei höheren pH-Werten existiert.

Nach Untersuchungen von RUBIN (1985), zitiert durch WERNER (1986), kann der pH-Wert bei der Fischzucht die Geschlechterverteilung beeinflussen. So zeigten Versuche an einigen Cichliden (*Pelvicachromis* spec., *Apistogramma* spec.) und am Schwertträger (*Xiphophorus helleri*), dass Nachzuchten bei pH = 5 bis 6 überwiegend Männchen erbrachten, solche um pH = 7 dagegen mehr Weibchen.

In natürlichen, belebten Gewässern liegen die pH-Werte vorzugsweise zwischen 5,5 und 8,3. Extrem niedrige pH-Werte unter pH = 5,0 können vorkommen in Moor- und Schwarzwässern, wie etwa im Rio Negro (siehe Tabelle im Teil E). Derartig niedrige pH-Werte sind grundsätzlich lebensfeindlich, man denke beispielsweise an die Konservierungseigenschaft von Mooren. Auch die bekanntlich sauren Schwarzwässer sind nahezu unbesiedelt; am Rio Negro, dem wohl bekanntesten Schwarzwasserfluss, findet man nicht einmal Mosquitos, deren Larven normalerweise in jedem Tümpel leben und daher zu den Fisch-Grundnahrungsmitteln zählen. Entgegen der in der Aquaristik verbreiteten Überzeugung ist auch der Rote Neon kein typischer Schwarzwasserfisch, sondern kommt in den Klarwasser-Nebenflüssen des Rio Negro vor (GEISLER 1984, KRAUSE 1987, RÖMER 1987).

In natürlichen Fisch- und Pflanzengewässern wird der pH-Wert hauptsächlich durch zwei Komponenten bestimmt, nämlich durch die Karbonathärte als basischer Reaktionspartner und die Kohlensäure als saurer Gegenspieler. Wässer mit hoher Karbonathärte und wenig Kohlensäure haben regelmäßig hohe pH-Werte; dagegen sind Wässer mit geringer KH und viel Kohlensäure relativ sauer. In moorigen Wässern, im Schwarzwasser und im torfgefilterten Aquarienwasser wird der pH-Wert außerdem noch Humin- und Fulvosäuren beeinflusst. Andere Stoffe mit nennenswerter Auswirkung auf den pH-Wert gibt es in natürlichen Gewässern nicht.

Der Zusammenhang zwischen Karbonathärte, Kohlensäure und pH-Wert ist übersichtlich dargestellt auf der „Rechentafel KH-CO_2-pH" auf Seite 119.

Bei der Massentierhaltung in extrem salzarmen Wässern, wie häufig in Diskus- Zuchten üblich, sinkt der pH-Wert oftmals tief ab, und lässt sich auch durch kräftiges Belüften nicht anheben (beachte: Völlig entsalztes Wasser erhält durch Einwirken von CO_2 aus der Luft etwa pH 5,3!). Wesentliche Ursache sind saure Filterprodukte, siehe beispielsweise unter „Nitrifikation" oder ausführlich bei KRAUSE (1997).

Dem pH-Abfall ließe sich zwar chemisch begegnen durch Zugabe von „pH-Plus"-Präparaten (Na_2CO_3, $NaHCO_3$ usw.), aber dadurch erhöht sich zwangsläufig auch der Salzgehalt des Wassers. Und damit wird das angestrebte salzarme Zuchtwasser hinfällig! Die einzig richtige Maßnahme: Entfernen der sauren Produkte durch Wasserwechsel.

Messung. Im Aquarium schwankt der pH-Wert im Tagesrhythmus, weil die Pflanzen bekanntlich nur tagsüber unter Lichteinwirkung Kohlenstoff assimilieren und folglich der Gehalt an Kohlendioxid schwankt. Deshalb muss bei der pH-Messung auch stets die Uhrzeit notiert werden (gleiches gilt für die Messung des Sauerstoff- und Kohlendioxidgehaltes). Zur pH-Messung sind kolorimetrische und elektrische Verfahren gebräuchlich.

Kolorimetrisch. Mit Farbindikatoren lässt sich der pH-Wert leicht bestimmen. Für die

Aquaristik sind nur pH-Indikatoren in Tropfenform geeignet. Indikator- Papierstreifen sind absolut unbrauchbar. Sie enthalten im Verhältnis zur winzigen Wassermenge, die das Papier durchfeuchtet, sehr viel pH-Indikator, dessen eigener pH-Wert das Messergebnis erheblich verfälscht. So genannte „nichtblutende" Indikatorstäbchen kommen mit kleineren Indikatormengen aus und messen dadurch sicherer, aber auch auf sie ist nur beschränkt Verlass.

Einfache Farbindikatoren zeigen nur zwei Farben. Zum Beispiel ist das Bromthymolblau bei niedrigen pH-Werten gelb und bei hohen blau, wobei im Übergangsbereich grüne Mischfarben entstehen; der Messumfang beträgt etwa 1,5 pH-Einheiten. So genannte Mischindikatoren enthalten mehrere Farbindikatoren; je nach Rezept haben sie einen Messumfang von mehreren pH-Einheiten und durchlaufen dabei drei, vier oder mehr Farben (Bild C18-1).

Die Skala mit den Vergleichsfarben sollte nicht gröber abgestuft sein als 0,5 pH-Einheiten, dann lassen sich Zwischenwerte von 0,25 schätzen. Das genügt für normale aquaristische Zwecke. – Für hohe Ansprüche sind im Laborhandel kolorimetrische pH-Komparatoren erhältlich; sie erlauben auch in schwach gefärbten Wässern Messungen mit 0,2 Einheiten Genauigkeit, Zwischenwerte von 0,1 Einheiten lassen sich schätzen.

Zur pH-Bestimmung schöpft man die vorgeschriebene Wassermenge und tropft den Farbindikator hinzu. Dann das Messgefäß behutsam schwenken, um den Indikator

Bild C18-1: Ein Mischindikator besteht aus mehreren Farbindikatoren und kann mehrere pH-Einheiten überstreichen, wobei entsprechend viele Farben durchlaufen werden. Dieser erlaubt Messungen im Bereich von 5,0 bis 9,0 pH und zwar bis zu einer Genauigkeit von 0,1 pH (Merck 18763).

gleichmäßig zu verteilen. Kräftiges Schütteln vermeiden, weil dadurch CO_2 ausgetrieben und der pH-Wert verändert werden. Dann die entstandene Färbung mit der Farbskala vergleichen und den pH-Wert ablesen.

Wichtig:

- Die vorgeschriebene Menge der Wasserprobe und die Tropfenanzahl müssen genau eingehalten werden, sonst erhält man andere Farbtöne und damit falsche Messergebnisse.

- Probegefäß beim Schwenken nicht mit Daumen oder Handballen verschließen! Schweiß enthält Säuren, die das Messergebnis verfälschen können.

- Der Farbvergleich muss bei Tageslicht durchgeführt werden, sonst sind erhebliche Ablesefehler möglich! Notfalls kann Glühlampenlicht mit einem Blaufilter benutzt werden, wie im Kapitel „Richtiges Analysieren“ beschrieben. Dringend gewarnt sei vor dem Licht von Leuchtstofflampen, auch vor den so genannten Tageslicht-Leuchtstofflampen. Ihr Licht enthält erhebliche Lücken im Farbspektrum und verfälscht die Farben von Probe und Farbskala, und dies unterschiedlich!

Alle Farbindikatoren sind geeignet für Wässer mit mittlerem Gesamtsalzgehalt, also mit einer Leitfähigkeit von etwa 100 bis 700 µS/cm. In extrem salzreichen (harten) und salzarmen (weichen) Wässern haben Farbindikatoren größere Messfehler.

Bei extrem salzarmen Wässern, wie sie häufig in den Tropen vorkommen, sind Messfehler von 2 oder gar 3 pH-Einheiten die Regel! Eine der Hauptursachen liegt darin, dass der Farbindikator selbst einen eigenen pH-Wert hat, der den pH-Wert der kaum gepufferten Wasserprobe verschiebt. Dem kann man entgegenwirken durch sparsamsten Indikatorzusatz. Zum Ausgleich der geringen Anfärbung muss man durch eine stärkere Schichtdicke blicken, also benutzt man möglichst hohe Gefäße und blickt zum Farbvergleich von oben hindurch auf eine weiße Unterlage, siehe Bild C18-2.

Die meisten flüssigen pH-Farbindikatoren sind jahrelang haltbar.

Elektrometrisch. Elektrische pH-Meter erreichen die höchstmögliche Messgenauigkeit, sie müssen jedoch mit Eichlösungen, so genannten pH-Pufferlösungen, regelmäßig kontrolliert und nötigenfalls nachgestellt werden. Messungen in trüben oder gefärbten Wässern gelingen problemlos.

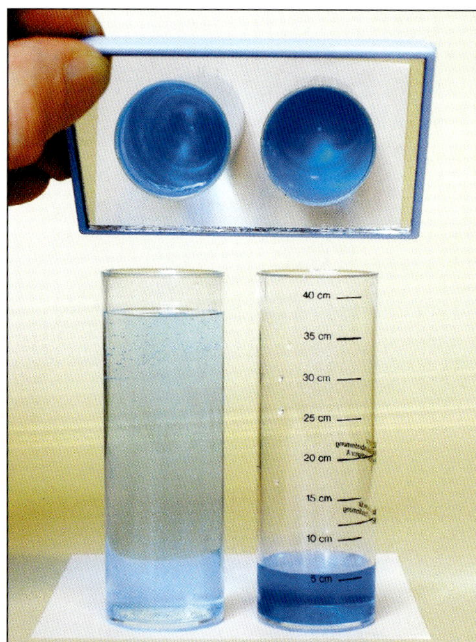

Bild C18-2: In beiden Gefäßen ist die gleiche Menge an Farbindikator enthalten. Im linken ist die Wassermenge sechsmal größer und damit der Fehler durch den Indikator kleiner. Beim Blick von oben zeigen beide die gleiche Farbe.

Arbeitsprinzip: In die Wasserprobe tauchen eine Bezugselektrode mit konstantem Potenzial, sowie eine Messelektrode, deren Potenzial sich je nach pH-Wert ändert. Die Differenz der Potenziale ist Maß für den pH-Wert. Siehe Bild C18-3. Beide Elektroden können kombiniert sein zu einer „Einstab-Elektrode"; das erleichtert die Handhabung. Ein elektrisches pH-Meter zeigt Bild C18-4.

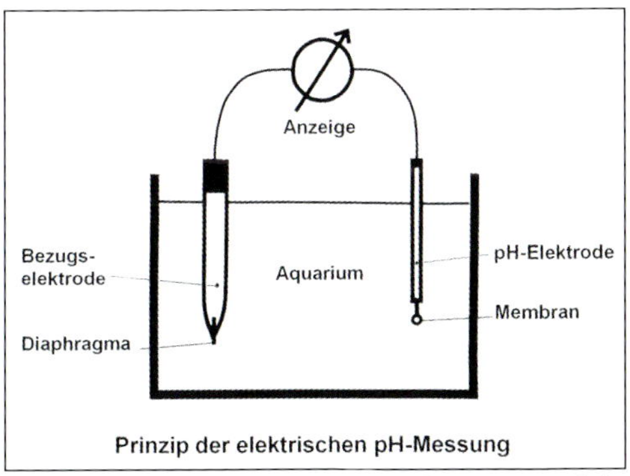

Bild C18-3: Prinzipieller Messaufbau einer elektrischen pH-Messung.

Als Messelektrode dienen heute fast ausschließlich so genannte Glaselektroden. Ihr Potenzial ändert sich bei 25 °C je pH-Einheit um etwa 59 mV. Das Potenzial ist äußerst leistungsschwach; im elektrischen pH-Meter muss es erst einem Verstärker mit extrem hohem Eingangswiderstand (10^{12} Ohm) zugeführt werden, ehe es analog oder digital angezeigt werden kann.

Alle Elektroden müssen bei Nichtgebrauch feucht aufbewahrt werden, hierzu schreiben die Hersteller meist eine 3-molare Kaliumchloridlösung vor. In dieser Lösung werden Glaselektroden optimal „konditioniert", und sie haben später beim Messen relativ kurze Einstellzeiten von nur 1 bis 2 Minuten.

In Wässern unter 50 µS/cm ist auch die elektrische pH-Messung problematisch. Bei diesen muss grundsätzlich mit Messfehlern von etwa 0,2 pH-Einheiten gerechnet werden; bei den extrem elektrolytarmen

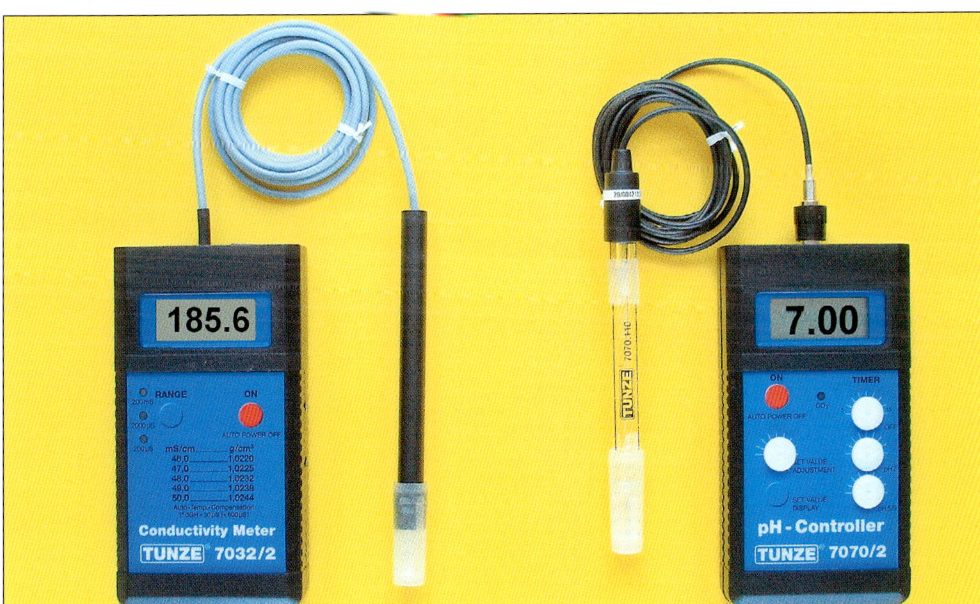

Bild C18-4: Ein elektrisches pH-Meter (rechts im Bild) ermöglicht bei guter Pflege rasche und genaue Messungen. Links ein Messgerät für die Leitfähigkeit mit Temperaturkompensation.

Schwarz- und Klarwässern des Amazonasgebietes nach eigenen Erfahrungen sogar bis zu einer ganzen Einheit[1]. Außerdem benötigen die pH-Elektroden (sie dürfen nicht bewegt werden!) eine Einstellzeit von 15 Minuten oder mehr, wodurch in kleinen Probegefäßen durch Ausfällungen oder CO_2-Verluste möglicherweise noch größere Messfehler entstehen können.

Zur Abhilfe gibt man zu 100 ml Wasserprobe etwa 3 ml einer 3-molaren KCl-Lösung, wie sie zum Aufbewahren der Elektroden verwendet wird. Dadurch ändert sich der pH-Wert in der Wasserprobe praktisch nicht, aber die Einstellzeit verkürzt sich, so dass nach längstens fünf Minuten besser reproduzierbare Messwerte angezeigt werden.

In den Tropen messen elektrische pH-Meter häufig falsch, weil die Isolation im Messverstärker durch die hohe Luftfeuchtigkeit beeinträchtigt worden ist. Das geschieht unbemerkt! Im Verdachtsfall empfehle ich folgende einfache Prüfung:

1. Stecker der Elektrode aus dem Messgerät ziehen.

2. Eingang des Messgerätes kurzschließen (z.B. mit einer Büroklammer); das Gerät muss jetzt konstant etwa pH 7 anzeigen (einige Modelle etwa pH 4).

3. Kurzschluss entfernen, wobei zuerst der Mittenkontakt freigegeben werden muss. Dabei darf sich die Anzeige sprungartig etwas ändern, anschließend aber muss sie unbedingt konstant stehen bleiben! Wandert sie langsam weiter, so sind Kriechströme vorhanden, und das Gerät misst falsch.

Zur Abhilfe Gerät öffnen, trockene Luft anströmen lassen (Klimaanlage) oder Beutel mit Silica-Gel einlegen. Weitere ausführliche Hinweise, auch zu anderen Messfehlern unter tropischen Feldbedingungen siehe bei KRAUSE (1988).

Digitale pH-Meter zeigen zwar auf 0,01 oder sogar 0,001 pH-Einheiten an, die Messgenauigkeit erreicht in der Aquarienpraxis jedoch bestenfalls nur etwa 0,1 pH-Einheiten. Das reicht völlig aus! Man wartet beim Messen, ohne die Elektrode zu bewegen, bis die letzte Stelle der Anzeige zur Ruhe gekommen ist. Dann liest man ab auf 0,1-Einheiten.

Der Kauf eines elektrischen pH-Meters lohnt nicht immer, denn sein Preis ist im Vergleich zu guten pH-Farbindikatoren sehr hoch. Außerdem altern Mess- und Bezugselektrode (auch bei Nichtgebrauch) und müssen nach einigen Jahren ersetzt werden; ihre Kosten betragen etwa 1/3 des Preises vom ganzen Gerät. Verbrauchte Elektroden erkennt man daran, dass sich das pH-Meter nur noch sehr langsam auf den Messwert einstellt oder dass kein einwandfreier Abgleich möglich ist.

Prüfung. Bei Farbindikatoren möglich durch Vergleich mit einem elektrischen pH-Meter, in der Praxis jedoch nicht erforderlich; verdorbene Farbindikatoren zeigen meist schmutzige Farben, die sich keinem Wert in der Farbskala zuordnen lassen.

Elektrische pH-Meter müssen nach Gebrauchsanweisung regelmäßig mit pH-Pufferlösungen kontrolliert und nötigenfalls abgeglichen werden. Die Pufferlösungen werden durch den Gebrauch verunreinigt und dürfen deshalb keinesfalls wieder in die Vorratsflaschen zurückgegossen werden.

Grenzwerte. Alle pH-Werte können nur im Zusammenhang mit Karbonathärte und

---

[1] siehe Fußnote im Kapitel „Analysen tropischer Gewässer".

In dieser Region lebt der Rote Neon (*Paracheirodon axelrodi*). Mit schlanken Kanus erreichen die Fänger die seichten Uferzonen, wo sich die begehrten Roten Neons bevorzugt aufhalten. Zum Fang wird das „rapiché" benutzt, ein flaches Netz mit etwa 60 cm Öffnung (das grüne Netz etwa in Bootsmitte). Es wird unter Wasser in Bodennähe gehalten und behutsam ein Fischschwarm darüber gescheucht. Dann wird das „rapiché" schnell herausgehoben mit reicher Beute!

CO_2-Gehalt beurteilt werden! Dabei hilft die „Rechentafel KH-CO_2-pH" auf Seite 119.

Als grober Anhalt sollte in Süßwasseraquarien der pH-Wert zwischen 6,8 und 7,2 betragen. Liegt die Karbonathärte unter 4 °d, darf der pH-Wert etwas tiefer sein. Bei pH-Werten über 7,5 leiden die Wasserpflanzen wahrscheinlich an CO_2-Mangel. Prüfen!

Bei pH-Werten über 7,0 muss außerdem der Gehalt an Ammonium/Ammoniak kontrolliert werden (siehe dort).

Erhöhen. Bei Wässern mit mindestens 2 °d KH selten erforderlich, denn die Bildner der Karbonathärte wirken als alkalische Komponente. Nötigenfalls überflüssiges Kohlendioxid durch kräftige Wasserumwälzung austreiben. Bei Pflanzenaquarien muss aber auf den CO_2-Bedarf der Wasserpflanzen Rücksicht genommen werden; Näheres hierzu siehe unter „Kohlendioxid".

Zugaben von „pH-Plus"-Präparaten (Na_2CO_3, $NaHCO_3$ usw.) sind aquaristische Kunstfehler, sobald das Messergebnis für die KH größer wird als für die GH. Siehe Kapitel „Härte, KH größer als GH?". Wenn bei der Massentierhaltung in salzarmen Wässern (z.B. Diskus-Zuchten) der pH-Wert unerwünscht tief sinkt, sind regelmäßig saure Filterprodukte die Ursache, siehe in diesem Kapitel am Schluss des Abschnittes „Bedeutung".

Senken. Grundsätzlich gilt: Je geringer die Karbonathärte des Wassers, desto leichter lässt sich der pH-Wert senken.

Zugaben von Mineralsäuren (Salzsäure, Phosphorsäure usw.) oder „pH-Minus"-Präparaten (NaH_2PO_3, KHSO4, Kaliumhydrogenphthalat usw.) sind aquaristische Kunstfehler und daher unbedingt abzulehnen! In natürlichen Gewässern kommen diese Stoffe in derartigen Mengen nicht vor, folglich sind die Aquarienbewohner daran überhaupt nicht gewöhnt. Außerdem zerstören insbesondere die Mineralsäuren das natürliche pH-Puffersystem KH-CO_2.

Zur Erinnerung: Der pH-Wert selbst ist physiologisch nicht allein entscheidend, sondern vor allem die Stoffe, durch die er gebildet wird!

Aquaristisch geeignet sind, sofern die Karbonathärte genügend niedrig ist (vgl. Rechentafel KH-CO_2-pH), zwei Verfahren, nämlich Filtern über Torf oder Erhöhen des CO_2-Gehaltes. Beide Verfahren benutzt prinzipiell auch die Natur!

Torffilterung. Beim Filtern über Torf werden außer dem pH-Wert auch Gesamt- und Karbonathärte gesenkt. Die notwendige Torfmenge muss durch Probieren ermittelt werden, denn Torf ist ein Naturprodukt, und daher können seine Eigenschaften in weiten Grenzen schwanken. Näheres siehe unter „Torffilter" ab Seite 121.

Erhöhen des CO_2-Gehaltes. Das Kohlendioxid (CO_2) ist notwendiger Bestandteil in jedem Aquarienwasser, denn zum einen ist CO_2 der wichtigste Pflanzennährstoff überhaupt, und zum anderen bildet es mit der Karbonathärte (KH) ein wichtiges, natürliches pH-Puffersystem. Die pH-senkende Wirkung des CO_2 ist um so größer, je geringer die Karbonathärte (KH) des Wassers ist.

Die je nach KH notwendige CO_2-Menge kann leicht abgelesen werden aus der „Rechentafel KH-CO_2-pH" auf Seite 119.

Literatur.

GEISLER, R. und ANNIBAL, R. (1984): Ökologie des Cardinal-Tetra *Paracheirodon axelrodi* im Stromgebiet des Rio Negro/Brasilien sowie zuchtrelevante Faktoren. Amazoniana IX, Seite 53-86, Kiel.

KRAUSE, Hanns-J. (1987) Mit dem Hausboot in Amazonien I und II. DATZ 40, Seite 159 und 258, Reimar Hobbing Verlag.

KRAUSE, Hanns-J. (1988): Wasseranalysen in den Tropen und ihre Tücken. DATZ 41, Seite 41-43 und 138-140, Reimar Hobbing Verlag.

KRAUSE, Hanns-J. (1997): Der pH-Wert sinkt unaufhaltsam – was tun? Diskus-Brief 12, Seite 53-55, Diskus-Brief Verlag, Augsburg

PUTZIEN, J. (1989): pH-Fibel, Einführung in die pH- und Redox-Messtechnik. Herausgeber: Wissenschaftlich-Technische Werkstätten GmbH (WTW), Weilheim.

RÖMER, W. (1987): *Paracheirodon axelrodi*: Ein Unkraut Amazoniens?. DATZ 40, Seite 535, Reimar Hobbing Verlag.

RUBIN, D. A. (1985): PH and Fish Sex Ratios. Copeia.

WERNER, U. (1986): pH-Wert und Geschlechterverteilung bei Fischen. Aquarien-Magazin 20, Seite 159. (Übersetzung einer Kurzmeldung in „Tropical Fish Hobbyist" 8/1985 S. 67. Neptun City, USA).

19. Phosphat PO_4^{3-}

Bedeutung. Phosphorverbindungen sind unentbehrlich für alle Tiere und Pflanzen. Beide brauchen es vor allem zur Synthese von ATP (Adenosintriphosphat). ATP ist ein lebenswichtiger, biochemischer Energiespeicher; ein Gramm ATP beinhaltet 60 Joule (= 14,3 cal). An beliebiger Stelle im Organismus kann ATP rasch umgesetzt werden zur Freigabe der gespeicherten Energie, so beispielsweise bei Tieren bei der Muskelarbeit oder in Pflanzen beim Aufbau der Glucose.

Phosphat ist ein wichtiger Baustoff im ganzen Körper. So wird es bei der Synthese von Lecithin benötigt, einem lebenswichtigen Phosphatid im Eidotter und Gehirn. Weiterhin ist es wichtig beim Skelettaufbau; Knochen und Gräten bestehen etwa zur Hälfte aus Calciumphosphat. Auch das Fleisch der Fische enthält etwa 0,2 % Phosphor chemisch gebunden.

Tiere verwerten sowohl organische als auch anorganische Phosphorverbindungen aus der Nahrung. Der Tagesbedarf liegt bei etwa 0,03 mg Phosphat pro Gramm Körpergewicht.

Pflanzen nehmen das Phosphat (PO_4^{3-}) auch in der Hydrogen- oder Dihydrogenform auf (HPO_4^{2-}, $H_2PO_4^-$). Bereits 0,005 bis 0,02 mg/l Phosphat im Wasser genügen den meisten Pflanzen, denn sie können es intern bis zu 1000fach anreichern. Außerdem sind sie in der Lage, in Zeiten des Überangebotes einen Notvorrat an Phosphat zu speichern. Wurzelnde Pflanzen nehmen Phosphat auch aus dem Bodengrund auf. Innerhalb der Pflanzen ist die wichtigste Phosphorverbindung – nach ATP – das Phytin, ein Ausgangsstoff für viele kompliziertere Verbindungen. Die Trockenmasse von Pflanzen enthält etwa 1 % Phosphor chemisch gebunden.

In nicht verunreinigten Seen und Flüssen liegt der Phosphatgehalt bei etwa 0,005 bis 0,1 mg/l PO_4^{3-}, denn Phosphate werden vom Boden leicht gebunden.

Aquarienwasser enthält regelmäßig wesentlich mehr Phosphat. Die Hauptquelle sind das Fischfutter und die daraus entstehenden Verdauungsprodukte. Aber auch ungeeignete Pflanzendünger können den Phosphatgehalt steigern. Dünger für Aquarienpflanzen sollten grundsätzlich phosphatfrei sein, weil genügende Phosphatmengen durch das Fischfutter eingebracht werden.

Hohe Phosphatgehalte im Aquarienwasser gelten allgemein als Ursache für Algenplagen, und zwar insbesondere für die Massenentwicklung von Blaualgen (Cyanophyten, „Schmieralgen"). Die Aquarienpraxis zeigt aber, dass sich Blaualgen durch Senken des Phosphatgehaltes kaum bekämpfen lassen (eher durch Reduzieren des Lichtes). Der Grund: Es gibt rund 2000 verschiedene Arten von Blaualgen; sie sind sowohl in nährstoffreichen (eutrophierten) Gewässern wie auch in nährstoffarmen Klarwasserseen anzutreffen. Daraus folgt, dass im Aquarium Blaualgen nicht grundsätzlich als Verschmutzungs-Indikator angesehen werden können.

Bei manchen Häusern ist in der Hauptwasserleitung eine Phosphat-Dosieranlage installiert; diese gibt dem Leitungswasser ständig Polyphosphate zu, um die Rohrleitungen vor Korrosion und Kesselsteinbildung zu schützen. Laut Trinkwasserverordnung sind in der BRD umgerechnet bis zu 7 mg/l PO_4^{3-} zulässig. Aus aquaristischer Sicht ist das extrem hoch. In solchem Falle erkläre man dem Hauseigentümer die Probleme und bitte um die Erlaubnis, das Aquarienwasser ausnahmsweise im Keller vor der Phosphat-Anlage zapfen zu dürfen. In einigen Häusern wird nur das Wasser für die zentrale Heißwasserbereitung phosphatiert, dann kann man einwandfreies Wasser aus der Kaltwasserleitung zapfen. Einfache Verfahren, um das zugesetzte Polyphosphat wieder zu entfernen, gibt es nicht.

Messung. Grundlage der meisten Phosphattests ist die Molybdänblau-Reaktion. Phosphat-Ionen PO_4^{3-} reagieren mit Isopolymolybdänsäure in schwefelsaurer Lösung zu Phosphormolybdänsäure, die dann beispielsweise mit Zinn(II)chlorid reduziert wird zum Molybdänblau. Die Farbintensität ist Maß für den Phosphatgehalt.

Das Phosphat (PO_4^{3-}) kommt auch in ähnlichen Verbindungen vor, beispielsweise als Hydrogenphosphat (HPO_4^{2-}), Dihydrogenphosphat ($H_2PO_4^-$), kettenförmiges Polyphosphat und so weiter. Vor der Messung müssen diese Verbindungen durch geeignete Aufschlussmittel in PO_4^{3-}-Ionen übergeführt werden. Der Aufschluss eines Phosphattestes ist ungenügend, wenn die Reaktionsfarbe nach einigen Stunden noch intensiver wird; man kann versuchen, durch Erwärmen der Probe in einem Labor-Reagenzglas den Aufschluss zu beschleunigen. Das Ergebnis wird stets umgerechnet als PO_4^{3-}-Phosphat angegeben.

Achtung: Beim Umschütteln der Wasserprobe das Reagenzglas nicht mit Daumen oder Handballen verschließen! Schweiß enthält Phosphate, dadurch können erhebliche Messfehler entstehen.

Die Lagerfähigkeit eines Phosphattests hängt erstrangig ab von der Haltbarkeit des Reduktionsmittels. Pulvrige Substanzen

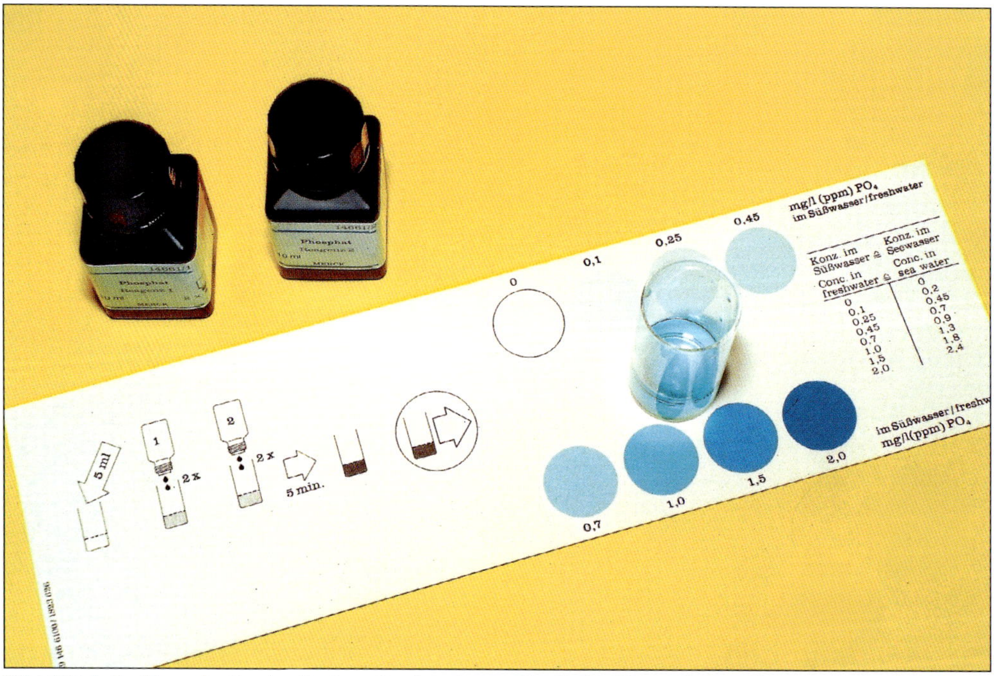

Bild C19-1: Ein Phosphattest mit einer Nachweisempfindlichkeit von 0,1 mg/l.

sind meist haltbarer als flüssige. Reagenzien dicht verschlossen und möglichst im Kühlschrank lagern!

Aquaristisch gut geeignete Phosphattests sollten noch 0,1 mg/l nachweisen können (Bild C19-1).

Prüfung. Es werden 0,143 g Kaliumdihydrogenphosphat (KH_2PO_4) in 500 ml Wasser gelöst. Nach Verdünnung 1:200 erhält man eine Prüflösung mit 1,0 mg/l PO_4-Ionen.

Orientierende Schnellprüfung auf Funktion: Mit einem Messer über die Handfläche schaben, Hautschweiß entnehmen und Klinge in der Wasserprobe abspülen. Schweiß enthält regelmäßig größere Mengen an Phosphaten.

Grenzwerte. Unter 0,003 mg/l stagniert der Wasserpflanzenwuchs generell. Nicht wenige Pflanzen brauchen mindestens 0,02 mg/l Phosphat. Dieser untere Grenzwert spielt aquaristisch kaum eine Rolle, weil Aquarien üblicherweise die zehnfache Menge enthalten.

In gutwüchsigen Pflanzenaquarien liegt der Phosphatgehalt typisch zwischen 0,1 und 5 mg/l. Höhere PO_4-Gehalte wirken zwar nicht unbedingt giftig, sollten aber vermieden werden, weil sonst eine Massenentwicklung von Plankton nicht ausgeschlossen werden kann.

Erhöhen. Unerwünscht.

Senken. Wasserwechsel. Steigt der PO_4-Gehalt schnell wieder hoch an, werden ungeeignete Pflanzendünger verwendet, oder das Aquarium ist mit Fischen überbesetzt.

20. Redoxspannung

Bedeutung. Die Redoxspannung (früher: Redoxpotenzial) und ihre aquaristische Bedeutung behandeln sehr ausführlich Hohl und Schöne (1977) sowie Hückstedt (1973, 1975). Streng wissenschaftliche Untersuchungen über Redoxprozesse sowie Zustandsdiagramme zahlreicher Redoxreaktionen sind zu finden bei Stumm und Morgan (1981).

Die Redoxspannung ist eine Auswirkung, die von den im Wasser gelösten Stoffen und ihren Redoxprozessen ausgeht; sie ist nicht die primär treibende Ursache. Wohl aber kann ein in genügend hoher Konzentration anwesendes Redoxsystem die Spannung derart kräftig beeinflussen, dass andere Systeme quasi mitgezogen werden.

Beispiel: Durch Zugabe von Wasserstoffperoxid (System $H_2O_2+2H^+ +2e^- \leftrightarrow 2H_2O$) wird Eisen (System $Fe^{3+} +e^- \leftrightarrow Fe^{2+}$) von der zweiwertigen Form in die dreiwertige umgewandelt.

Einige Redoxreaktionen und ihre Normalspannungen zeigt die Tabelle C20-A auf der folgenden Seite.

Die in der Tabelle angegebenen Redoxspannungen sind so genannte Normal-Spannungen, sie gelten nur unter normierten Laborbedingungen. Für Aquarienwässer können sie nicht übernommen werden, denn bei abweichender Konzentration oder in Gegenwart weiterer Stoffe ergeben sich andere Redoxspannungen. Man kann aber der Tabelle entnehmen, dass beispielsweise Ozon (O_3) ein stärkeres Oxidationsmittel ist als Wasserstoffperoxid (H_2O_2), oder dass die Umwandlung von Ammonium (NH_4) in Nitrit (NO_2) mit einer niedrigeren Redoxspannung einhergeht als jene von Nitrit (NO_2) in Nitrat (NO_3).

Tabelle C20-A: Einige Redoxreaktionen molarer Lösungen

oxidierte Form	↔	reduzierte Form	Normal-Spannung (Volt)
SO_4^{2-} + $2H^+$ + $4e^-$	↔	SO_3^{2-} + H_2O	–0,096
$2H^+$ + $2e^-$	↔	H_2	0,000
Cu^{2+} + e^-	↔	Cu^+	+0,159
NO_2^- + $8H^+$ + $6e^-$	↔	NH_4^+ + $2H_2O$	+0,764
Fe^{3+} + e^-	↔	Fe^{2+}	+0,783
NO_3^- + $2H^+$ + $2e^-$	↔	NO_2^- + H_2O	+0,834
O_2 + $4H^+$ + $4e^-$	↔	$2H_2O$	+1,229
H_2O_2 + $2H^+$ + $2e^-$	↔	$2H_2O$	+1,774
O_3 + $2H^+$ + $2e^-$	↔	O_2 + H_2O	+2,074

Hinweis: Das Symbol „e^-" bedeutet „Elektron".

In natürlichen Wässern wie auch im Aquarienwasser wird die Redoxspannung geprägt durch viele gleichzeitig ablaufende Redoxprozesse. Die Höhe der gemessenen Redoxspannung erlaubt Rückschlüsse zum Beispiel über den Stand der Oxidation von Ammonium über Nitrit zum Nitrat oder über die Umwandlung des Eisens von seiner zweiwertigen in seine dreiwertige Form.

Den in natürlichen Gewässern typischen Zusammenhang zwischen der Redoxspannung, dem Sauerstoffgehalt und der Existenz einiger Wasserinhaltsstoffe zeigt Bild C20-1.

Hohe Redoxspannungen sind typisch für Gewässer, die im hygienischen Sinne sauber sind, also kaum organische Verbindungen und Nährstoffe enthalten. Manche Aquarianer streben möglichst hohe Redoxspannungen an, um ihren Fischen „sauberes" Wasser anzubieten. Dabei wird jedoch nicht berücksichtigt, dass in den Heimat-Biotopen der meisten Aquarienfische derart hohe Redoxspannungen üblicherweise nicht vorkommen. Außerdem ist für die Gesundheit der Fische ein Mindestgehalt an organischen Verbindungen (siehe dort) unbedingt notwendig.

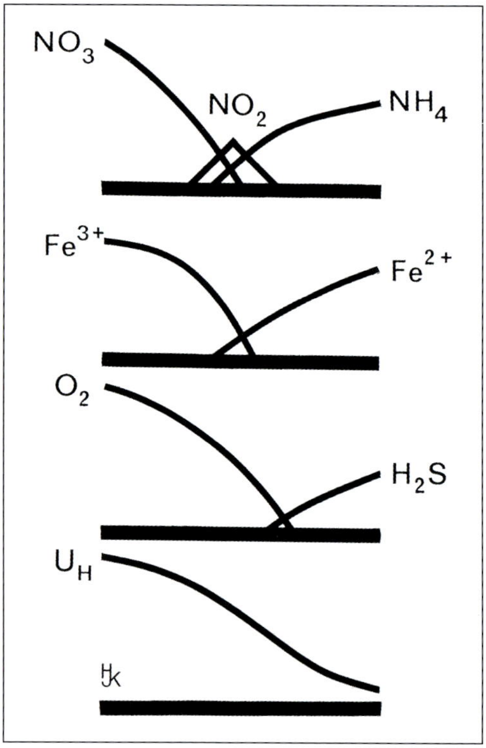

Bild C20-1: Typischer Zusammenhang zwischen der Redoxspannung und Existenz einiger Wasserinhaltsstoffe in natürlichen Gewässern. Der weitgehend ähnliche Verlauf von Redoxspannung U_H und Sauerstoffgehalt O_2 fällt besonders auf. Nach UHLMANN (1988), auszugsweise umgezeichnet.

Gewässer mit niedriger Redoxspannung dagegen sind regelmäßig nährstoffreich. Jahrzehntelange Untersuchungen des Verfassers an natürlichen Biotopen und an Aquarien haben bewiesen: In Gewässern mit nur mäßig hoher Redoxspannung wachsen die Wasserpflanzen wesentlich besser. Die Zusammenhänge erläutert umfassend KRAUSE (1988a, 1988b).

In Aquarien mit nur mäßig hoher Redoxspannung bleibt der Nitratgehalt auffallend niedrig. Zum einen verläuft die Oxidation des Ammoniums zum Nitrat deutlich träger. Außerdem entstehen im Boden leichter Reduktionszonen, in denen Nitrat denitrifiziert werden kann zu leicht flüchtigen Stickstoffgasen (siehe „Nitrat"). Der aquaristische Nutzen von Reduktionszonen im Boden wird nur selten voll erkannt; sie unterstützen meist biologisch sehr wertvolle Umwandlungsprozesse. Die in den 60er und 70er Jahren propagierten Bodenfilter erzeugten im Boden ein stark oxidierendes Milieu und ließen keinerlei Reduktionsprozesse zu, die Folge: Alle wurzelnden Wasserpflanzen kümmerten und gingen schließlich ein.

Bei der biologischen Bewertung der Redoxspannung ist zu berücksichtigen:

> Medien mit niedrigem Redoxniveau haben (bio-)chemisch gesehen ein hohes Energiepotenzial!
> Ansteigendes Redoxniveau, also zunehmende Oxidation zum Beispiel durch O_2-Aufnahme, bedeutet sinkendes Energiepotenzial!

Zum besseren Verständnis ein Beispiel: Der tierische Organismus nimmt Nahrung auf und oxidiert („verbrennt") sie unter Aufnahme von Sauerstoff. Hieraus gewinnt der Organismus seine Lebensenergie. Nach der Oxidation ist das Redoxniveau der ehemaligen Nahrung höher; sie ist nun – weil ihre biochemische Energie entzogen wurde – für den Organismus wertlos geworden und wird ausgeschieden.

Messung. Grundsätzlich können Redoxspannungen kolorimetrisch wie auch elektrometrisch gemessen werden.

Kolorimetrisch. Es sind etwa 30 Redox-Farbindikatoren bekannt, keiner davon ist für die Aquaristik geeignet. Sie arbeiten entweder viel zu träge (z.B. Fe-Bipyridin), oder sie reagieren in einem aquaristisch unwichtigen Bereich (z.B. Methylenblau). Eine interessante Anwendung eines Redoxindikators zeigt Bild C20-2 auf der nächsten Seite.

Elektrometrisch. Für Redox-Untersuchungen in der Aquarienpraxis kommt allein die elektrische Messung der Redoxspannung in Betracht. Das Messprinzip ähnelt dem der elektrischen pH-Messung (siehe dort): Eine Platin- und eine Bezugselektrode tauchen in das Wasser ein; die zwischen beiden entstehende Spannung wird angezeigt. Beide Elektroden können auch zu einer Kombi-Elektrode vereint sein.

Es ist schwierig, wirklich verlässliche Messergebnisse im Aquarienwasser zu erzielen. So mancher Aquarienfreund hatte seine monatelang gesammelten Messergebnisse schließlich fortgeworfen um von vorne anzufangen; er glaubte, jetzt endlich die Messprobleme im Griff zu haben. Und das wiederholte sich noch einige Male...

Hauptproblem: Das Wasser enthält die redoxaktiven Substanzen nur in sehr starker Verdünnung (Chemiker sprechen von einer geringen Beschwerung). Deshalb kann sich die Redoxspannung an der Platinelektrode nur langsam aufbauen und bleibt recht

Bild C20-2: Kressesamen wurde begossen mit einer 0,5 %igen Formazan-Lösung. Formazan (TTC) ist farblos, aber unterhalb U_H = -440 mV (bei pH = 7) färbt es sich rot. Die normalerweise grünen Blätter der Kresse haben sich rot gefärbt; das beweist, dass in den Zentren der Fotosynthese ein extrem stark reduzierendes Milieu herrscht. Die Redoxspannung ist dort noch niedriger, als bei der Normal-Wasserstoffelektrode (-420 mV bei pH = 7).

labil. Erst mit der Zeit erwirbt man sich ein Gefühl dafür, welches Messergebnis vertrauenswürdig ist.

Der Aufbau der Spannung geschieht durch Austausch von Elektronen zwischen der Platinelektrode und den redoxaktiven Substanzen. Diese ändern als Folge des Ladungsaustausches zwangsläufig ihren Redoxstatus. Folglich muss die Elektrode während der Messung angeströmt werden, sonst erhält man ein falsches Messergebnis. Aus diesem Grund schreiben die Deutschen Einheitsverfahren ein besonderes Durchlauf-Messgefäß vor, das mit etwa 10 ml/s durchströmt wird. Im Aquarium strömt man die Elektrode mit einer kleinen Pumpe an oder misst im Wasserstrom am Ein- oder Auslauf des Filters.

Vor jeder Messung muss die Platinelektrode äußerst sorgfältig gereinigt und vorbereitet werden. Hierfür wurden zahlreiche Rezepte veröffentlicht (Bischof 1991, Bühler 1982, Hückstedt 1973 und 1975, Krause 1972 und andere), sie sind ausnahmslos umstritten. Nach den Deutschen Einheitsverfahren (DIN 38404 Teil 6) kann man die Platinelektrode wie folgt vorbehandeln:

1. Entfetten und reinigen mit einem Haushaltsputzmittel ohne stark scheuernde Wirkung.
2. Spülen mit destilliertem Wasser.
3. Behandeln mit etwa 25 %iger Salzsäure „zur Analyse".
4. Spülen mit destilliertem Wasser.
5. Konditionieren durch fünf Minuten Eintauchen in eine etwa 1 %ige Eisen(II)sulfatlösung oder Eisen(III)citratlösung „zur Analyse".
6. Spülen mit destilliertem Wasser.

Anschließend muss die Elektrode sofort in das zu messende Wasser eingetaucht werden. Nach richtiger Vorbehandlung stellt sich innerhalb etwa 15 Minuten eine praktisch konstante Spannung ein, die als Messergebnis abgelesen wird.

Als Bezugselektrode wird üblicherweise eine Kalomel- oder eine Silberchlorid- Elektrode benutzt. Deren Bezugsspannung muss bei der Angabe des Messergebnisses berücksichtigt werden. In der Aquaristik entstehen oft harte Diskussionen über Redoxmessungen, die sich nur scheinbar widersprechen, weil nicht die Bezugselektrode samt Temperatur angegeben wurde (Tabelle C20-B). Oder, was einfacher gewesen wäre, es wurde nicht auf die Normal-Wasserstoffelektrode[1]) umgerechnet.

Nur wenige Redoxreaktionen laufen so einfach ab etwa wie $Fe^{3+} + e^- \leftrightarrow Fe^{2+}$. Bei den meisten sind auch H^+ oder OH^--Ionen beteiligt, wodurch sich gleichzeitig der pH-Wert ändert (siehe Tabelle C20-A). Außerdem beeinflusst der pH-Wert auch direkt die an der Platinelektrode gemessene Spannung. Das erschwert den Vergleich verschiedener Messergebnisse ganz erheblich. Früher war es üblich, aus der angezeigten Spannung und dem pH-Wert einen besser vergleichbaren „rH-Wert" zu errechnen. Viele Redoxsysteme verhalten sich aber nicht pH-linear oder sind nicht reversibel, deshalb sind Umrechnungen stark fehlerbehaftet und eigentlich nicht zulässig, siehe auch BÜHLER (1982) und HÜCKSTEDT (1973 und 1975).

[1] Die Wasserstoffelektrode besteht aus einer in eine saure Lösung tauchende Platinelektrode, die mit Wasserstoffgas umspült wird. Sie hat die Spannung 0,00 Volt (bei pH = 0). Weil Medien mit pH = 0 biologisch uninteressant sind, wurde pH = 7 als Basis gewählt. Der Wasserstoffelektrode kommt dabei die Spannung minus 0,42 V zu.

Tabelle C20-B: Spannungen einiger Bezugselektroden U_B in mV
Auszug aus DIN 38 404 Teil 6

°C	$Hg/Hg_2Cl_2/KCl$ gesättigt	Ag/AgCl/KCl 1 mol/l	3 mol/l	3,5 mol/l	gesättigt
15	251	242	214	212	207
20	248	239	211	208	202
25	244	236	207	204	197
30	241	233	203	200	192
35	238	230	200	195	187

Es erscheint jedoch vertretbar, bei nur geringen pH-Differenzen (pH = 6,0 bis 8,0) die unmittelbar durch den pH-Wert an der Pt-Elektrode erzeugte Spannungsdifferenz zu korrigieren und umzurechnen auf den Messwert bei pH = 7,0. Die folgende Formel berücksichtigt pH-Wert sowie Bezugselektrode und hilft bei der unmissverständlichen Angabe der Redoxspannung U_H (der Index „H" weist hin auf die Normal-Wasserstoffelektrode als Bezug):

Redoxspannung U_H (bei 25 °C)

$$\mathbf{U_H = U_G + U_B + 59 \times (pH - 7{,}0)}$$

U_H = Redoxspannung (mV)
U_G = gemessene Spannung (mV)
U_B = Spannung der Bezugselektrode (mV), siehe Tabelle
pH = gemessener pH-Wert

Tabelle C20-C:
Umrechnung der gemessenen Werte auf Standardwerte

Redox-spg. U_H (mV)	Gemessene Spannung in Millivolt (mV) mit einer Bezugselektrode 207 mV bei 25 °C und verschiedenen pH-Werten										
	8,0	7,8	7,6	7,4	7,2	7,0	6,8	6,6	6,4	6,2	6,0
350	84	96	108	119	131	143	155	167	178	190	202
360	94	106	118	129	141	153	165	177	188	200	212
370	104	116	128	139	151	163	175	187	198	210	222
380	114	126	138	149	161	173	185	197	208	220	232
390	124	136	148	159	171	183	195	207	218	230	242
400	134	146	158	169	181	193	205	217	228	240	252
410	144	156	168	179	191	203	215	227	238	250	262
420	154	166	178	189	201	213	225	237	248	260	272
430	164	176	188	199	211	223	235	247	258	270	282
440	174	186	198	209	221	233	245	257	268	280	292
450	184	196	208	219	231	243	255	267	278	290	302
460	194	206	218	229	241	253	265	277	288	300	312
470	204	216	228	239	251	263	275	287	298	310	322
480	214	226	238	249	261	273	285	297	308	320	332
490	224	236	248	259	271	283	295	307	318	330	342
500	234	246	258	269	281	293	305	317	328	340	352
510	244	256	268	279	291	303	315	327	338	350	362
520	254	266	278	289	301	313	325	337	348	360	372
530	264	276	288	299	311	323	335	347	358	370	382
540	274	286	298	309	321	333	345	357	368	380	392
550	284	296	308	319	331	343	355	367	378	390	402

Beispiel: Unter Benutzung der 3-molaren Silberchlorid-Elektrode wurden bei pH = 7,6 gemessen 180 mV. In der Spalte 7,6 wird der nächstgelegene Wert gesucht und auf der linken Spalte die normgemäß auf 10 mV gerundete Redoxspannung von U_H = 420 mV bei pH = 7,0 gefunden.

Beispiel: Gemessen wurden 264 mV, 25 °C und pH = 6,5. Als Bezug diente eine 3 mol/l Ag/AgCl/KCl-Elektrode. Dann ergibt sich:

$$264 + 207 + 59 \times (6{,}5 - 7{,}0) =$$
$$471 + 59 \times (-0{,}5) = 441{,}5.$$

Das Ergebnis wird auf 10 mV gerundet und lautet U_H = 440 mV.

Für die wohl am häufigsten verwendete 3-molare Silberchlorid-Elektrode mit einer Spannung von 207 mV bei 25 °C hilft Tabelle C20-C bei der Umrechnung.

Häufigste Messfehler.

- Ungeeigneter Messverstärker: Der Eingangswiderstand muss mindestens 10^{12} Ohm betragen, anderenfalls werden die Elektroden polarisiert und messen zu niedrige Werte. Der Messverstärker kann folgendermaßen geprüft werden: Bei einer Redoxmessung stabile Anzeige abwarten, Wert notieren. Dann Elektrodenstecker herausziehen und nach etwa 15 Minuten wieder einstecken. Wenn dann die Anzeige wesentlich höher ist und minutenschnell wieder zum alten Wert absinkt, hat der Messverstärker einen zu geringen Eingangswiderstand und ist ungeeignet.

- Unsaubere Platinelektrode: Die Anzeige kann beliebig über oder unter dem richtigen Messwert liegen. Man benutze mechanisch stabile Platinelektroden, die sich gut reinigen lassen; dünne Blechelektroden verbiegen sich leicht.

- Dauermessung: Bleibt die Elektrode ständig im Aquarium, wird sie, wie jeder Gegenstand im Aquarium auch, rasch von Mikroben und Algen besiedelt. Unter diesem biologischen Rasen und ohne Anströmung zeigt sie dann – und zwar recht stabil – eine Spannung unter dem Rasen an, nicht aber die Redoxspannung des Aquarienwassers. Bereits geringster Algenaufwuchs führt zu erheblichen Messfehlern.

- Messung in einer Wasserprobe: Die Messung muss direkt im untersuchten Biotop erfolgen. In einer herausgeschöpften Wasserprobe verändert sich die Redoxspannung völlig unkontrolliert! Sie kann zum Beispiel über mehrere Stunden hinweg langsam ansteigen, weil allmählich Luftsauerstoff eindringt; anschließend kann sie auch wieder sinken, weil durch den erhöhten O_2-Gehalt organische Stoffe aufgeschlossen wurden. Deshalb schreiben die Deutschen Einheitsverfahren (DIN 38404 Teil 6) zwingend vor, dass Redoxmessungen unter Luftabschluss in einem Durchlaufgefäß bei einem Wasserstrom von etwa 10 ml/s vorgenommen werden müssen.

- Katalyse: Platin ist ein sehr guter Katalysator. Es kann unerwünschte Prozesse auslösen, die eine andere Spannung aufbauen lassen, als es der Redoxspannung im Wasser entspricht. Solche Fälle können passieren zum Beispiel nach Zusatz von Wasserstoffperoxid; Wege zur Abhilfe sind nicht bekannt. Goldelektroden als Alternative zeigen diesen Fehler nicht, haben aber eine viel zu kleine Austauschstromdichte; folglich haben sie unendlich lange Einstellzeiten (Faktor 10^{13}!) und sind deshalb für die Aquaristik absolut unbrauchbar.

Hinweis. Es ist schwierig, wirklich verlässliche Messergebnisse im Süßwasser-Aquarium zu erhalten. Methodische Messfehler werden von vielen Untersuchern erst nach Monaten, Jahren oder überhaupt nicht erkannt! Die Messpraxis über viele Jahrzehnte hat bei mir erwiesen: Sofern nicht gerade stark aktive Redoxsubstanzen, wie etwa

Ein Trampelpfad führt durch den dichten Regenwald. Der wacklige Steg überquert ein zunächst unscheinbares Gewässer, das jedoch bei näherer Betrachtung eine Fundgrube prächtiger Bestände von Cryptocorynen ist. Der Rest des Tages vergeht mit ausführlichen Wasseruntersuchungen.

Ozon, zugegeben worden sind: In den meisten Gewässern und Aquarien wird die Redoxspannung hauptsächlich geprägt vom Sauerstoffgehalt des Wassers. Warum? Unter natürlichen Bedingungen sind die redoxaktiven Substanzen derart stark verdünnt, dass sie nur ein sehr labiles Potenzial bilden können. Hauptwirksames Agens ist der relativ konzentriert anwesende Sauerstoff. Deshalb ist es nur eine Frage der Zeit, bis sich die Redoxprozesse und damit die Redoxspannung entsprechend dem gegenwärtigen Sauerstoffgehalt eingestellt haben. In der normalen Aquarienpraxis sind durch Messen des O_2-Gehaltes sehr gute Rückschlüsse auf die Redoxspannung im Aquarienwasser möglich (Krause 1988 b).

Auch die Analysen der Stickstoff-Komponenten erlauben brauchbare Rückschlüsse: Ein niedriges Verhältnis NO_3^-/NH_4^+ und/oder das Auftreten nennenswerter Mengen an Nitrit (NO_2^-) weisen auf eine niedrige Redoxspannung hin und umgekehrt.

Prüfung. DIN 38404/6 gibt eine Prüflösung an, bestehend aus einem Redoxpuffer und einem pH-Puffer. Die Lösung hat bei 25 °C eine Redoxspannung U_H = 427 mV und einen pH-Wert von 7,00. Sie ist nur begrenzt haltbar. Am besten kauft man sie fertig im Laborhandel.

Grenzwerte. Die Aquarienliteratur enthält nur sehr spärliche Angaben; auf die meisten davon ist kaum wirklich Verlass. Nach eigenen Untersuchungen sollten im Aquarium U_H = 480 mV (pH 7) nicht überschritten werden, es muss sonst mit erheblichen Wuchsproblemen bei vielen Aquarienpflanzen gerechnet werden. Aquarien mit auffallend gutem Pflanzenwuchs haben Werte um U_H = 420 mV (pH 7) oder weniger. Tropische Biotope, die reichlich Pflanzen, aber auch Fische enthalten, fallen oft auf durch niedrige Redoxspannungen zwischen 350 und 410 mV bei pH 7 (Krause, unveröffentlicht). Alle Angaben nach DIN und entsprechend der Formel auf Seite 98.

Erhöhen. Jede Maßnahme, die den Sauerstoffgehalt im Wasser erhöht, erhöht mit einiger Zeitverzögerung auch die Redoxspannung. Sehr hohe Werte können erreicht werden durch Behandlung mit Ozon (siehe dort); das ist aber für normale Anwendungen nicht zu empfehlen.

Senken. Jede Maßnahme, die den Sauerstoffgehalt im Wasser senkt, senkt nachfolgend auch die Redoxspannung. Organische Substanzen, wie Fischfutter oder Moorkienholz, können die Redoxspannung senken infolge von Zersetzungsvorgängen und der damit verbundenen Sauerstoffzehrung. Aquariendünger senken die Redoxspannung, wenn sie Mineralien in reduzierter Form oder oxidierbare Chelatoren enthalten.

Literatur.

Bischof (1992): Anleitung zum Redox-Messgerät, Köln.

Bühler (1982): Redoxmessung, Grundlagen und Probleme. Fa. Ingold, Frankfurt.

DIN 38 404 Teil 6: Physikalische und physikalisch-chemische Kenngrößen (Gruppe C); Bestimmung der Redox-Spannung (C6). Beuth-Verlag, 10772 Berlin.

Hohl und Schöne (1977): Das Redoxpotential. Aquarien und Terrarien, Seiten 86-88, 120-121, 158-160. Urania, Leipzig.

Hückstedt, G. (1973): Kleine Anleitung zur Redoxmessung. Fa.Tunze, Penzberg.

Hückstedt, G. (1975): Redoxmessung in der Hydrobiologie und Pflanzenbiologie. Das Aquarium, Seiten 174-176, 223-226, 256. Philler Verlag, Minden.

Putzien, J. (1989): pH-Fibel, Einführung in die pH- und Redox-Messtechnik. Herausgeber: Wissenschaftlich-Technische Werkstätten GmbH (WTW), Weilheim.

Krause, Hanns-J. (1972): Wie misst man das Redoxpotential? Aquarien-Magazin 6, Seite 90-94. Franckh, Stuttgart.

Krause , Hanns-J. (1988 a): Oxygen and its influence on the growth of aquarium-plants. DeuxiÇme CongrÇs international d'aquariology, Institut OcÇanographique Monaco. (Deutsche Fassung beim Autor erhältlich.)

Krause , Hanns-J. (1988 b): Wasserpflanzen – Wuchsklima und Sauerstoff. Teil II: Redoxspannung. Das Aquarium, Seite 611-614. Philler Verlag, Minden.

Stumm und Morgan (1981): Aquatic Chemistry. Wiley & Sons, Chichester, New York.

Uhlmann, D. (1988): Hydrobiologie. Gustav Fischer, Jena.

21. Sauerstoff O_2

Bedeutung. Um Irrtümern vorzubeugen: Der im Wassermolekül H_2O chemisch gebundene Sauerstoff ist hier nicht gemeint, er kann biologisch nicht unmittelbar verwertet werden. Sondern hier geht es um den im Wasser gelösten, gasförmigen Sauerstoff, wie er auch in der Luft vorhanden ist und beispielsweise zur Atmung benötigt wird.

Sauerstoff ist ein unsichtbares, nichtbrennbares Gas, das aber die Verbrennung anderer Stoffe ermöglicht. Die normale Luft enthält praktisch konstant rund 21 Vol.-% O_2. Sauerstoff wiegt 1,105 schwerer als Luft, nennenswerte biologische Folgen daraus sind nicht bekannt. Im Wasser kann der Sauerstoffgehalt sehr verschieden hoch sein.

Der Sauerstoff im Wasser spielt eine herausragende Rolle nicht nur bei der Atmung von Fischen, Pflanzen, Bakterien und anderen Lebewesen, sondern er beeinflusst auch den Gehalt einiger Stoffe im Wasser. So sind eine Reihe von Stoffen je nach Oxidationsstufe wasserlöslich oder auch nicht. Das aquaristisch bekannteste Beispiel ist das Eisen-Ion: Es ist nur im zweiwertigen Zustand oder als Chelat wasserlöslich, dreiwertige Eisenverbindungen sind unter aquaristischen Bedingungen wasserunlöslich und fallen aus. Streng genommen handelt es sich dabei um Redoxprozesse, jedoch wird die Redoxspannung unter aquaristischen Bedingungen vom Sauerstoffgehalt des Wasser geprägt (siehe „Redoxspannung“).

Bild C21-1 zeigt einige Stoffe, die sich je nach Sauerstoffgehalt umwandeln (Krause 1988 b). Mehrere von ihnen werden mit steigendem O_2-Gehalt im Bereich von 1-5 mg/l wasserunlöslich und sind dann für Tiere und Pflanzen nicht mehr verfügbar. So wird verständlich, dass der Sauerstoffgehalt auch indirekt ganz wesentlich die biologischen Prozesse im Wasser beeinflusst.

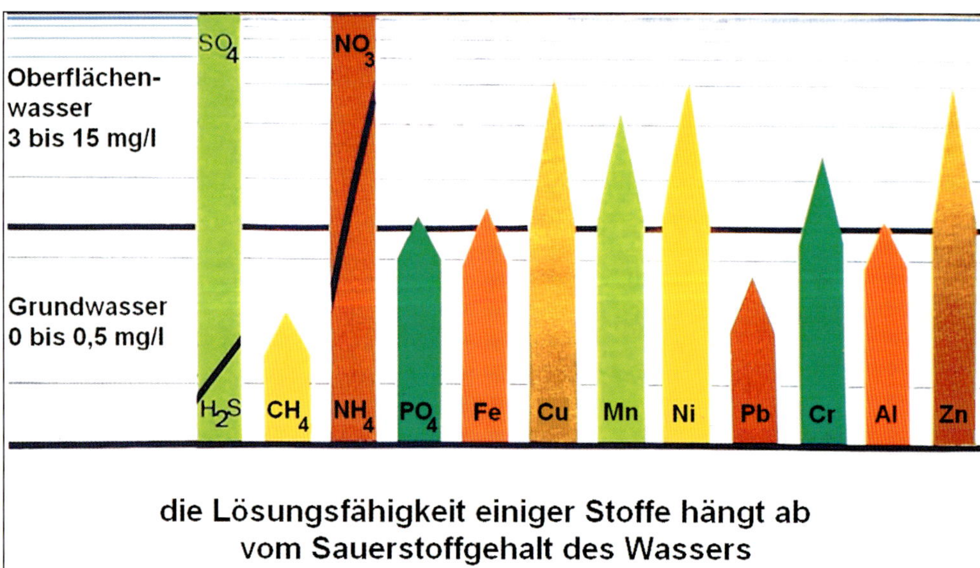

Bild C21-1: Viele Stoffe wandeln sich mit steigendem Sauerstoffgehalt im Wasser um. Einige werden dabei wasserunlöslich und fallen aus; sie sind dann im freien Wasser nicht mehr vorhanden (Krause 1988 b).

Die Daten in Bild C21-1 habe ich durch Auswertung zahlreicher Wasseranalysen der Berliner Wasserwerke gewonnen. Dabei wurden die Analysen des frisch dem Erdreich entnommenen sauerstoffarmen Grundwassers (Rohwasser) gegenübergestellt den Analysen desselben Wassers, das nach Sauerstoffzufuhr durch Belüftung und anschließender Kiesbettfilterung in das Trinkwassernetz eingespeist wurde (Reinwasser). Da die Analysen je nach Tiefbrunnen, Jahreszeit, Grundwasserstand und so weiter erheblich schwankten, war durch die Fülle des Materials eine gute Zuordnung zwischen jeweiligem Sauerstoffgehalt und Umwandlungsbereich der Stoffe möglich.

Bild C21-1 erklärt auch meine Entdeckung aus dem Jahre 1968, nach der Quellgebiete regelmäßig Paradiese sind für Unterwasserpflanzen. Grundwasserquellen sind sauerstoffarm und können daher reichlich Nährstoffe herantransportieren.

Ein typisches Beispiel dafür ist die Blau, ein Nebenfluss der Donau. Die Blau entspringt aus dem so genannten Blautopf, einem etwa 20 m tiefen Trichter von 30 m Durchmesser mit einer mittleren Schüttung von 2 000 Liter pro Sekunde. Der Quelltopf ist dicht bewachsen mit Unterwasserpflanzen (Bild C21-2). Aus dem Blautopf ergießt sich das nährstoffreiche Quellwasser über ein

Bild C21-2: Im Quelltopf der Blau wachsen dichte Bestände von *Cardámine amára* und anderen Pflanzen.

breites Wehr in die Blau. Dadurch wird das Wasser kräftig belüftet, also mit Sauerstoff angereichert; ab genau dieser Stelle sind auf längere Strecke keine Unterwasserpflanzen mehr zu finden (Bild C21-3).

Sauerstoffquellen. Sauerstoff kann auf zwei Wegen in das Wasser gelangen:

1. durch O_2-Produktion der Wasserpflanzen,
2. durch O_2-Aufnahme aus der Luft.

Bild C21-3: Aus dem Blautopf im Hintergrund ergießt sich das fruchtbare Quellwasser über ein breites Wehr; dabei nimmt das Wasser reichlich Sauerstoff auf und verliert seine wuchsfördernde Eigenschaft. Nach dem Wehr sind auf längere Strecke keine Unterwasserpflanzen mehr zu finden, sondern nur braun-graue Sedimente und Algen.

1. Die O_2-Produktion der Wasserpflanzen. Mit Hilfe des Lichtes können Pflanzen aus verschiedenen Nährstoffen wertvolle organische Substanzen synthetisieren. Dieser als Fotosynthese bekannte Prozess hat grundlegende Bedeutung für das gesamte Leben auf der Erde. Er verläuft äußerst kompliziert. Stark vereinfacht betrachtet werden Kohlendioxid und Wasser unter Aufnahme von Lichtenergie (etwa 2848 kJ/mol) umgesetzt in Glucose (Zucker) und Sauerstoff nach folgender Gleichung:

$$6\,CO_2 + 6\,H_2O + \text{Lichtenergie} \rightarrow C_6H_{12}O_6 + 6\,O_2$$

Versuche mit radioaktiv markierten Stoffen zeigten übrigens, dass der bei der Fotosynthese freigesetzte Sauerstoff nicht etwa dem Kohlendioxidgas entstammt, sondern dem Wasser. Das erklärt auch die Tatsache, dass in der Sommersonne der Wasserbedarf von Pflanzen im Gewächshaus auch dann sehr hoch ist, wenn sie kühl hinter Wärmeschutzglas stehen.

Der größte Teil des erzeugten Sauerstoffes wird als Abfallprodukt über die Blätter an die Umgebung sowie über die Wurzeln in den Boden abgegeben.

Richtwert: Unterwasserpflanzen liefern pro Lichtstunde ungefähr 1 mg O_2 je dm^2 Blattgröße. Diese Abmessungen hat beispielsweise eine 40 cm lange *Vallisneria* mit 4 Blättern. Je nach Einzelfall sind ganz erhebliche Abweichungen möglich.

2. Die O_2-Aufnahme aus der Luft. Wasser kann aus der Luft Sauerstoff aufnehmen (und auch abgeben, siehe weiter unten). Die O_2-Aufnahme erfolgt um so rascher, je weniger Sauerstoff das Wasser enthält und je stärker die Oberfläche bewegt wird, siehe Tabelle C21-A.

Auch im Aquarium wird der Luftsauerstoff wesentlich schneller vom Wasser aufgenommen, wenn die Wasseroberfläche kräftig bewegt wird. Genau besehen wird dabei der Austausch aller Gase zwischen Atmosphäre und Wasser in beiden Richtungen gefördert; das kann beispielsweise beim Kohlendioxid zu unerwünschten Verlusten führen.

Sauerstoffverbraucher. Sauerstoff wird von allen Lebewesen im Aquarium verbraucht, also von Fischen, Bakterien und Pflanzen. Fische veratmen je nach Art, Größe, Aktivität, Wassertemperatur und so weiter täglich ungefähr 15 bis 40 mg Sauerstoff je Gramm Lebendgewicht. Nach Untersuchungen von GEISLER (1969) in Amazonien an Salmern und Salmlerähnlichen besteht zwischen dem täglichen Sauerstoffverbrauch in Milligramm und Körpergewicht in Gramm etwa

Tabelle C21-A: Sauerstoffaufnahme aus der Luft in Gramm pro Tag und m^2 Oberfläche (nach RÜFFER 1969, auszugsweise)

	bei O_2-Sättigung					
	0%	20%	40%	60%	80%	100%
stehender Tümpel	1,5	1,2	0,9	0,6	0,3	0
strömender Fluss	10	8	6	4	2	0
Stromschnelle	50	40	30	20	10	0

folgende Beziehung (durch mathematische Umformung vereinfacht):

$$O_2\text{-Verbrauch} = 56{,}6 \times \text{Gewicht}^{0{,}76}$$

Die Formel lässt erkennen, dass große Tiere zwar mehr Sauerstoff veratmen als kleinere, jedoch benötigt ein doppelt so schweres Tier nicht etwa die doppelte, sondern nur die 1,7fache Menge an Sauerstoff; und ein 10-mal so schweres Tier braucht nur die 5,8fache Menge.

Weitere Sauerstoffverbraucher im Aquarium sind die zahlreichen Mikroorganismen, wie beispielsweise die Filterbakterien, welche die anfallenden organischen Verunreinigungen (Futterreste, Fischkot usw.) oxidativ zerlegen in Mineralien und Kohlendioxid; so werden bei der Aufarbeitung von 1 cm^3 Trockenfutter, das sind etwa 250 mg, rund 500 mg Sauerstoff verbraucht.

Auch die Pflanzen veratmen Sauerstoff, und zwar ständig, Tag und Nacht. Von dem tagsüber während der Fotosynthese produzierten Sauerstoff verbrauchen sie im Verlaufe von 24 Stunden etwa 30-70 % wieder für sich selbst. In dichtwüchsigen Pflanzenaquarien schwankt der Sauerstoffgehalt deshalb ganz erheblich im Tag- und Nachtrhythmus, zum Beispiel von 3,5 mg/l am Morgen bis 5,5 mg/l am Abend.

Gasgleichgewicht. An der Grenzfläche Luft-Wasser werden pausenlos Gase ausgetauscht: Aus der Luft diffundieren Gasmoleküle ständig hinein und gleichzeitig diffundieren aus dem Wasser auch Gasmoleküle wieder heraus (Bild C21-4). Die Ge-

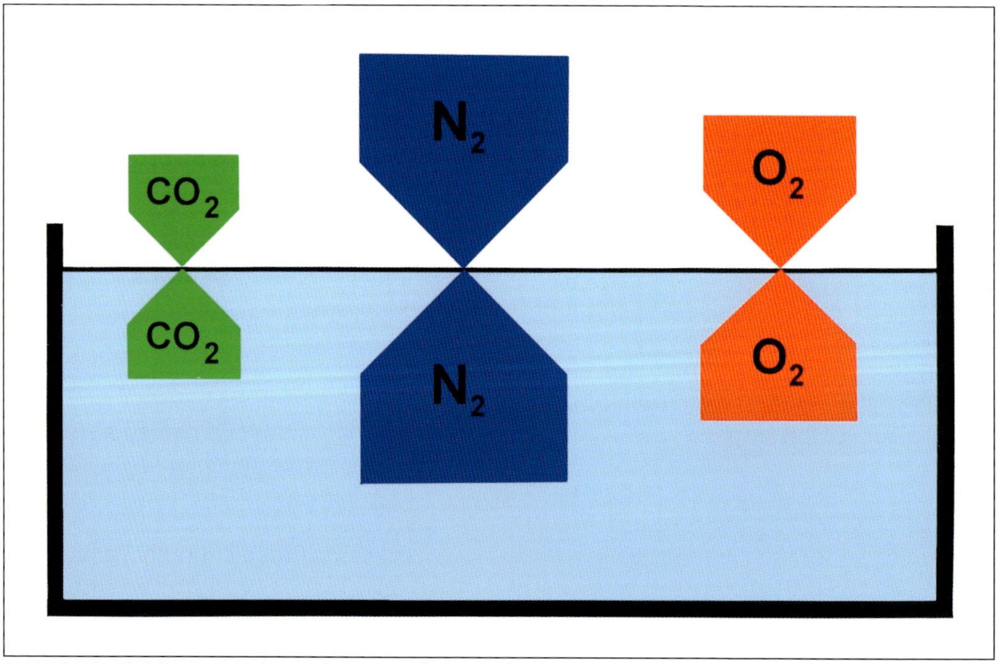

Bild C21-4: Gleichgewicht herrscht, wenn die jeweiligen Partialdrücke der Gase im Wasser denen in der Luft gleichen.

schwindigkeit dieser beiden Prozesse hängt ab vom jeweiligen Gasdruck in Luft und Wasser. Nach einiger Zeit scheint der Vorgang zum Stillstand gekommen zu sein, weil gleichzeitig ebenso viele Gasmoleküle aus der Luft in das Wasser hineindiffundieren wie umgekehrt auch herausdiffundieren. Jetzt ist ein Gasgleichgewicht eingetreten!

Alle Gase (N_2, O_2, CO_2 usw.) streben ihren typischen Gleichgewichtswert an; er schwankt etwas mit Luftdruck, Temperatur und Salzgehalt (siehe auch Tabelle A2-D auf Seite 9). Für Sauerstoff zeigt Tabelle C21-B das Gasgleichgewicht in Abhängigkeit von der Temperatur; diese Werte stellen sich nach genügend langer Belüftung ein, gleichgültig ob das Wasser vorher mehr oder weniger Sauerstoff enthielt.

Häufig wird das Gasgleichgewicht auch als „Sättigung" bezeichnet und Abweichungen davon bewertet in %-Angaben. Das führt leicht zu völlig falschen Vorstellungen. Irreführend wird der Eindruck erweckt, das Wasser besitze – wie ein Schwamm mit Poren – eine begrenzte Aufnahmekapazität, die ab einer bestimmten Sauerstoffmenge erschöpft ist. Fälschlich wird daraus oft eine biologische Qualität abgeleitet, wie etwa: 50 % = Defizit, 100 % = „Satt"-Wert und 130 % = „Reserve"-Zustand. Das ist falsch, denn es handelt sich um ein rein physikalisches Gleichgewicht, oder genauer: ein physikalisches Fließgleichgewicht. Biologische Prozesse haben dagegen völlig andere, individuelle Qualitäts-Kriterien.

In dicht bepflanzten Aquarien kann bei intensiver Beleuchtung der Sauerstoffgehalt wesentlich über die Gleichgewichtswerte ansteigen, weil die Pflanzen zu kräftiger Fotosynthese angeregt werden. Wenn das Wasser anschließend belüftet oder umgewälzt wird, sinkt der O_2-Gehalt wieder auf die Werte der Tabelle C21-B.

Tabelle C21-B: Sauerstoffgehalt in mg/l in belüfteten Wässern bei 1013 hPa Luftdruck

°C	Süßwasser	Meerwasser-Dichte (23 °C) 1,018	1,022	1,026	1,030
10	**11,3**	**9,9**	**9,6**	**9,3**	**9,0**
11	11,0	9,6	9,3	9,0	8,8
12	10,8	9,4	9,1	8,8	8,6
13	10,5	9,2	8,9	8,6	8,4
14	10,3	9,0	8,7	8,4	8,2
15	**10,1**	**8,9**	**8,6**	**8,3**	**8,1**
16	9,9	8,7	8,4	8,1	7,9
17	9,6	8,4	8,2	7,9	7,7
18	9,4	8,2	8,0	7,8	7,5
19	9,3	8,2	7,9	7,6	7,4
20	**9,1**	**8,0**	**7,7**	**7,5**	**7,3**
21	8,9	7,8	7,5	7,3	7,1
22	8,7	7,6	7,4	7,2	7,0
23	8,6	7,5	7,3	7,0	6,8
24	8,4	7,4	7,1	6,9	6,7
25	**8,3**	**7,3**	**7,0**	**6,8**	**6,6**
26	8,1	7,1	6,9	6,7	6,5
27	8,0	7,0	6,8	6,5	6,3
28	7,8	6,8	6,6	6,4	6,2
29	7,7	6,7	6,5	6,3	6,1
30	**7,6**	**6,6**	**6,4**	**6,2**	**6,0**
31	7,4	6,5	6,3	6,1	5,9
32	7,3	6,4	6,2	6,0	5,8
33	7,2	6,3	6,1	5,9	5,7
34	7,1	6,2	6,0	5,8	5,6
35	**6,9**	**6,1**	**5,9**	**5,7**	**5,5**

Werden Pflanzen über längere Zeit intensiv beleuchtet, kann man manchmal beobachten, dass aus ihren Blättern feine O_2-Blasen wie Perlenschnüre aufsteigen. Scheinbar wird der Sauerstoff nicht mehr vom Wasser aufgenommen, und die Perlenschnüre gelten häufig als Beweis für die „Sättigung" des Wassers. Ein weitverbreiteter Trugschluss! Hier ist vielmehr die normale O_2-Abgabe der Pflanzen gestört. Der ausperlende Sauerstoff ist keineswegs lösungsunfähig, sondern er dringt aus Defektstellen im Gasleitungssystem grobblasig hervor. Normalerweise diffundiert er über die gesamte Blattspreite fein verteilt und daher unsichtbar in das Wasser. Die Perlenschnüre sind also kein „Sättigungseffekt"; sie können bei jedem beliebigem O_2-Gehalt im Wasser auftreten, auch bei nur 4 mg/l oder noch weniger.

In den meisten Aquarien liegt der Sauerstoffgehalt deutlich unter den Tabellenwerten. Manche Autoren sprechen dann von einem Sauerstoff-Defizit. Diese Vokabel sollte keinesfalls Panik auslösen, denn sie wurde von Physiko-Chemikern erfunden und nicht von Fisch-Biologen! In natürlichen Gewässern schwankt der Sauerstoffgehalt in sehr weiten Grenzen, und die Bewohner sind seit vielen Generationen daran angepasst. Fische kompensieren geringere O_2-Gehalte im Wasser, genauer im Blut, durch verstärkte Atmung (Bild C21-5). Im Gegensatz dazu wird die Atmung des Menschen vom CO_2-Gehalt des Blutes gesteuert.

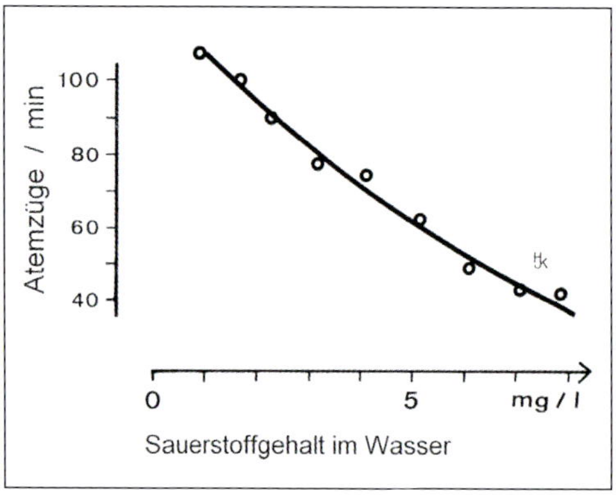

Bild C21-5: Versuche an erwachsenen Wildfängen von *Pterophyllum scalare* zeigen: Geringere Sauerstoffgehalte im Wasser werden kompensiert durch häufigere Atemzüge. Notatmung, also Luftschnappen, tritt erst ein bei erstaunlich niedrigem O_2-Gehalt, nämlich unter 1,0 mg/l.

Ein prächtiges Exemplar von *Pterophyllum altum*. Das Tier wurde gefangen in den sumpfigen Randgebieten des Rio Negros bei Barcelos. Der Skalar ist jedoch kein Schwarzwasserfisch, denn diese Fanggebiete führen vielfach kein Schwarzwasser, sondern relativ salzarmes Klarwasser.

Klar gesagt: Der Fisch interessiert sich überhaupt nicht für die „Sauerstoffsättigung" der Physiko-Chemiker. Er verlangt den O_2-Gehalt, den er in seinem Naturbiotop gewohnt ist.

Beispiel: Die Bachforelle ist in 5-10 °C kühlem Wasser an mindestens 11 mg/l Sauerstoff gewöhnt; sie stirbt sehr schnell an Sauerstoffmangel in einem „sauerstoffgesättigten" Wasser von 25 °C, denn dieses hat nur 8 mg/l Sauerstoff! Fazit: Erst bei genauer Kenntnis des Heimatbiotopes lässt sich beurteilen, ob für einen Fisch ein O_2-Defizit vorliegt oder nicht.

Messung. Die Messergebnisse sollen ausnahmslos in „mg/l" angegeben werden. Nur so sind verlässliche Angaben und Vergleiche möglich! Das bei elektrischen O_2-Messgeräten wählbare Relativmaß „%-Sättigung" hängt ab von Temperatur und Luftdruck. Das bedeutet: Ändern sich Wetterlage oder

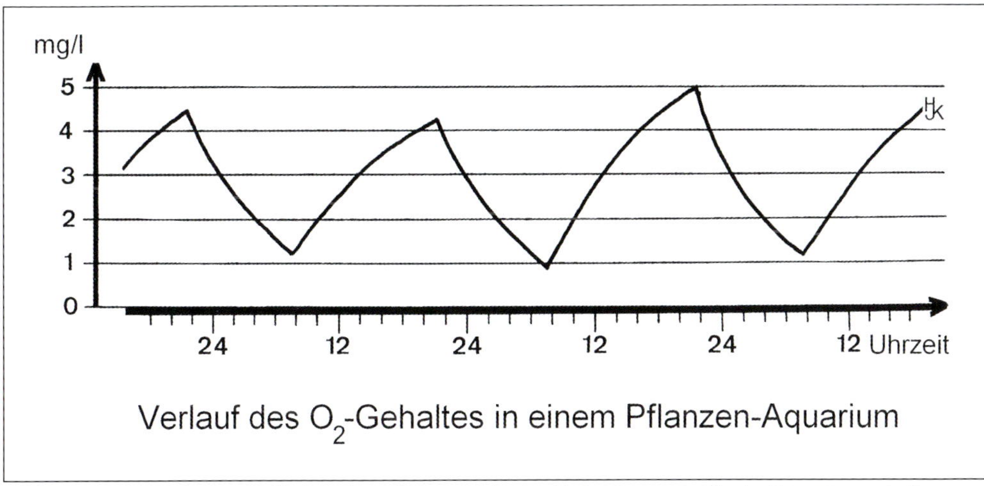

Bild C21-6: Durch die Assimilation der Pflanzen schwankt der Sauerstoffgehalt im Tagesrhythmus.

Wassertemperatur, so ändern sich auch die %-Messwerte, obwohl das Wasser noch genau die gleiche Menge an Sauerstoff in mg/l enthält.

Bei jeder Messung muss auch die Uhrzeit notiert werden. Der O_2-Gehalt schwankt erheblich im Tagesrhythmus, und es ist biologisch ein großer Unterschied, ob beispielsweise 4,5 mg/l O_2 morgens oder abends gemessen werden (Bild C21-6).

Es sind sowohl chemische wie auch elektrische Messverfahren gebräuchlich.

Chemisch. Das Winkler-Verfahrens hat sich allgemein durchgesetzt: Mangan(II)-Ionen werden nach Zusatz von Natronlauge und etwas Kaliumjodid durch den Sauerstoff zu höherwertigen Hydroxiden oxidiert. Aus diesen werden durch Zugabe einer starken Säure Mangan(III)-Ionen gebildet, die ihrerseits aus Jodid-Ionen elementares Jod freisetzen. Die Menge an Jod entspricht genau dem Sauerstoffgehalt und wird durch Titration des Jod mit Natriumthiosulfat gemessen.

Aquarienübliche Sauerstofftests messen in Stufen von je 0,5 mg/l, was völlig ausreicht. Standardmäßig werden vier Reagenzien benötigt, der Sauerstofftest auf Bild C21-7 kommt dagegen mit nur drei Reagenzflaschen aus: Im letzten Schritt wird das Jod nicht titriert, sondern die Farbe der Lösung mit einer Farbskala verglichen; die Messgenauigkeit beträgt 1 mg/l O_2 und genügt für die normale Aquarienpraxis.

Bild C21-7: Dieser Sauerstofftest besteht aus nur drei Reagenzflaschen. Der O_2-Gehalt wird anhand der Farbtiefe der Reaktions-Lösung durch Vergleich mit einer Farbtafel bestimmt.

Bild C21-8: Bei häufigen Sauerstoffmessungen ist ein elektrisches O_2-Messgerät sehr zu empfehlen, doch die Anschaffungskosten überschreiten normalerweise die Hobby-Kasse bei weitem. Von links nach rechts: Eichgefäß, Sauerstoffelektrode, Anzeigegerät.

Wer chemisch auf 0,1 mg/l genau messen möchte, sei verwiesen auf den professionellen Labortest auf Bild C16-4 auf Seite 77, wie er bei der Bestimmung des BSB5 benutzt werden kann.

Die Haltbarkeit der meisten Sauerstofftests ist gut. Kritisch kann das vierte Reagenz sein, vor allem bei Sets mit weniger als 40 ml Probenvolumen; insbesondere auf Tropenreisen muss mit raschem Verderb gerechnet werden. Untersuchungen ergaben, dass weniger die Wärme daran schuld ist, sondern ein bestimmter Klimafaktor, der bisher den Herstellern unbekannt ist. Verdorbene Reagenzien zeigen wesentlich mehr Sauerstoff an, als tatsächlich vorhanden ist. Unbedingt regelmäßig prüfen.

Elektrisch. Bequemer, aber auch viel teurer, sind elektrische O_2-Messverfahren. Die Messung nimmt etwa 15 Sekunden in Anspruch und ist auf 0,1 mg/l genau. Etwas Wartung ist erforderlich: Die Anzeige muss ab und zu kontrolliert und eventuell korrigiert werden; nach mehreren Monaten Gebrauch müssen Elektrolyt und Membran der Eintauchelektrode ausgewechselt werden. Wer viel messen muss oder sogar laufend registrieren will, kann auf ein elektrisches O_2-Messgerät nicht verzichten (Bild C21-8).

Prüfung. Ein Becherglas wird mit beliebiger Menge Leitungswasser gefüllt und mittels Luftpumpe und Ausströmer einige Minuten lang gründlich belüftet, um das Gasgleichgewicht mit der Atmosphäre herzustellen.

Auf Tropenreisen benutzt man dazu eine Handluftpumpe, also einen Gummiball mit Ventilen wie auf Bild C9-4 (Seite 51). Diese Prüflösung hat den in der Gleichgewichts-Tabelle C21-B angegebenen Sauerstoffgehalt.

Grenzwerte. In der Natur steigt der O_2-Gehalt nur in seltenen Ausnahmen und kurzfristig über die Werte der Gleichgewichts-Tabelle. Auch im Aquarium sollte deshalb der O_2-Gehalt nicht höher ansteigen. Die Vorstellung: „Je mehr Sauerstoff, desto besser" ist biologischer Unsinn! Jedes Lebewesen ist an den Sauerstoffgehalt seines Heimatbiotopes angepasst und fühlt sich dabei am wohlsten. Das gilt auch beim Menschen: Kein Mediziner würde es gutheißen, wenn wir unsere Atemluft ständig über die gewohnten 21 % O_2 hinaus anreichern würden! Daraus folgt: Im Süßwasser-Aquarium sollte bei Raumtemperatur nicht mehr als 8,5 mg/l Sauerstoff messbar sein.

Fische. Der untere O_2-Grenzwert für Fische liegt nicht fest sondern hängt vor allem von deren Herkunft ab. Sehr viele beliebte Zierfische kommen mit erstaunlich geringem O_2-Gehalt aus, weil sie in ihren Heimatgewässern daran gewöhnt und entsprechend angepasst sind. So beschreibt GEISLER (1984) verschiedene Biotope des Roten Neon im Amazonasgebiet und nennt O_2-Gehalte zwischen 2,5 und 5,7 mg/l. Auf eigenen Expeditionen wurden verschiedene Salmler putzmunter angetroffen in Gewässern mit nur 1,5 mg/l Sauerstoff. Bei Untersuchungen von GEISLER (1969) im Amazonasgebiet an 13 Fischarten kamen fast alle Arten erst bei weniger als 1,0 mg/l O_2 an die Oberfläche zur Notatmung (Luftschnappen), und zwar Fische der Gattung *Hyphessobrycon*, *Nannostomus*, *Hoplerythrinus*, *Characidium*, *Copella*, *Ctenobrycon* und andere. Nur Fische aus schnellen Fließgewässern kamen bei den Versuchen schon früher an die Oberfläche, beispielsweise der *Leporinus fasciatus* bei 3,6 mg/l O_2. Alle Tiere verhielten sich anschließend bei höherem O_2-Gehalt wieder völlig normal, irgendwelche Schäden waren nicht feststellbar. Zur Kompensation der Atmung von Fischen bei niedrigem O_2-Gehalt siehe Bild C21-5 auf Seite 108.

Diese und andere Untersuchungen beweisen, dass unsere Aquarienfische an weite Schwankungen des O_2-Gehaltes gewöhnt sind und dass ihr O_2-Bedarf allgemein überschätzt wird. Die untere O_2-Grenze ist individuell sehr verschieden; hastige Kiemenbewegungen zeigen die Nähe der Toleranzgrenze an. Kurzzeitige Notatmung (Luftschnappen) wird schadlos ertragen.

Pflanzen. Neuere Untersuchungen zeigen, dass der Wuchs von Wasserpflanzen mit dem Sauerstoffgehalt im Wasser eng verknüpft ist. Die üppigsten Pflanzenvorkommen in der Natur finden sich meist in Gewässern mit unerwartet niedrigem Sauerstoffgehalt. Ähnliche Ergebnisse zeigten umfangreiche, über Jahre hinweg durchgeführte Reihenuntersuchungen: Aquarien mit auffallend prächtigem Pflanzenwuchs haben regelmäßig einen erstaunlich niedrigen Sauerstoffgehalt. Als Ursachen sind denkbar: Bessere Nährstoffversorgung der Pflanzen, leichtere Abgabe des Abfallproduktes Sauerstoff und günstigeres internes Fotosynthese-Klima. Optimal für Aquarienpflanzen sind O_2-Gehalte ungefähr zwischen 3 mg/l am Morgen und 6 mg/l am Abend. Ausführlich siehe bei KRAUSE (1987, 1988 a, 1988 b).

Erhöhen. Zu niedrige Sauerstoffgehalte können durch Belüftung oder Wasserumwälzung leicht angehoben werden bis auf die Werte in der Gleichgewichts-Tabelle.

Gelegentlich wird vorgeschlagen, notfalls den Sauerstoffgehalt durch Zugabe von

Wasserstoffperoxid zu erhöhen. Das hat wiederholt zu erheblichen Fischverlusten geführt. Wasserstoffperoxid (H_2O_2) ist ein starkes Gift, das die Schleimhäute und insbesondere die Kiemen angreift. Bereits die relativ schwache Dosis von 25 ml einer 3 %igen H_2O_2-Lösung auf 100 Liter Wasser ist riskant. Theoretisch steigt dabei der O_2-Gehalt um 3,5 mg/l, jedoch erfolgt die O_2-Freisetzung nur langsam. In kritischen Situationen wirken Belüftung oder Wasserumwälzung sehr viel schneller und ohne Risiko!

Senken. Normalerweise unerwünscht. Der Sauerstoffgehalt ist in den meisten Aquarien ohnehin nur mäßig hoch, weil oftmals zu viele Fische darin gehalten werden. Sollte in besonderen Fällen (Wuchsprobleme bei Aquarienpflanzen) dennoch ein Senken des O_2-Gehaltes erwünscht sein, kann man versuchsweise die Wasserumwälzung durch Drosseln der Filterpumpe reduzieren oder/und reichlicher füttern. Dabei den O_2-Gehalt durch Messungen kontrollieren! Ausführliche Hinweise bei Krause (1987, 1988 b).

Zierfischfänger in Amazonien. Sie stapeln ihre Beute in Plastikwannen mit nur etwa 4 bis 5 cm Wasserstand. Durch die große Wasseroberfläche bei vergleichweise kleinem Wasservolumen wird der Gasaustausch sehr gefördert; so herrscht trotz sehr dichter Fischbesetzung kein Sauerstoffmangel.

Literatur

Eckhardt et al., (1986): Einfluss der Sauerstoffbedingungen auf die Freisetzung von Spurenelementen. Vom Wasser 76, Seite 177-184.

Geisler, R. (1969): Untersuchungen über den Sauerstoffgehalt, den biochemischen Sauerstoffbedarf und den Sauerstoffverbrauch von Fischen in einem tropischen Schwarzwasser. Archiv für Hydrobiologie 66, Seite 307.

Geisler , R. (1984): Ökologie des Cardinal-Tetra *Paracheirodon axelrodi* im Stromgebiet des Rio Negro/Brasilien sowie zuchtrelevante Faktoren. Amazoniana IX, Seite 53-86, Kiel.

Krause, Hanns-J. (1987): Der Sauerstoff im Aquarium. DATZ 38, Seite 282-285, 331-333. Reimar Hobbing Verlag.

Krause , Hanns-J. (1988 a): Oxygen and its influence on the growth of aquarium-plants. Deuxiéme Congrés international d'-aquariology, Institut Océanographique in MC-98000 Monaco. (Deutsche Fassung beim Autor erhältlich.)

Krause , Hanns-J. (1988 b): Wasserpflanzen – Wuchsklima und Sauerstoff. Das Aquarium 1988 Seite 529-532, 611-614, 653-656, 725-730; desgl. 1989 Seite 23-26, 89-94, 155-158. Philler Verlag, Minden.

Rüffer, H. (1969): Betrachtungen über das Verhältnis von Sauerstoffeintrag und Sauerstoffzehrung in Belebtbecken. Vom Wasser 36, Seite 399-416.

Schuler, P. (1987): Oxi-Fibel, Einführung in die Gelöstsauerstoff-Messtechnik. Herausgeber: Wissenschaftlich-Technische Werkstätten GmbH (WTW), Weilheim.

22. Sulfat SO_4^{2-}

Bedeutung. Wie das Standard-Ionenverhältnis zeigt, ist das Sulfat nach dem Hydrogencarbonat das zweithäufigste Anion. Es kommt in fast allen Wässern vor, und zwar meist in Mengen um 10-60 mg/l. Sulfat gilt physiologisch als unbedenklich; die Trinkwasserverordnung erlaubt bis zu 240 mg/l SO_4^{2-}.

Sulfat (SO_4^{2-}) enthält Schwefel (S). Schwefelverbindungen sind in geringen Mengen lebensnotwendig für Tiere und Pflanzen. Der Schwefelanteil wird vor allem benötigt zum Synthetisieren von Proteinen, also um Eiweiße und eiweißähnliche Verbindungen aufzubauen; wie zum Beispiel Muskeln, Blut, Sehnen, Haare, Schuppen oder Pflanzenknollen und -samen. Der Schwefelgehalt der Proteine liegt bei 0,5-2 %.

Fische decken ihren Schwefelbedarf überwiegend mit organischen Schwefelverbindungen aus dem Futter. Tiere können Sulfat-Ionen kaum verwerten.

Pflanzen dagegen nehmen Sulfat-Ionen leicht auf. Vor der Verwertung müssen die Pflanzen das Sulfat erst reduzieren, also vom Sauerstoffanteil befreien. Ein ähnlicher Prozess ist auch vom Nitrat bekannt.

Aquarienwasser enthält meist reichlich Sulfat; es stammt überwiegend aus dem Leitungswasser. Der Sulfatgehalt kann allmählich ansteigen, denn Fischfutter besteht zu etwa 50 % aus Proteinen; auch die Fischausscheidungen sind proteinhaltig. Bei bakteriellen Filterprozessen werden die Proteine zerlegt, ihr Schwefelanteil wird freigesetzt und zu Sulfat-Ionen oxidiert.

Der Sulfatgehalt kann auch steigen durch schadstoffhaltige Luft. In Ballungsgebieten enthält die Luft oft Schwefeldioxid (SO_2) aus Rauchgasen. Schwefeldioxid reagiert in Kontakt mit (Aquarien-) Wasser und Sauerstoff zu Schwefelsäure (H_2SO_4), diese dissoziiert in H^+-Ionen und SO_4^{2-}-Ionen. Ein ähnlicher Prozess findet auch in der Atmosphäre statt; Regenwasser kann deshalb einige 10 mg/l Sulfat enthalten.

In Wässern unter 0,2-0,5 mg/l Sauerstoff werden Sulfate reduziert zu Sulfiden. Das ist im Bodengrund häufiger der Fall. Man kann es daran erkennen, dass der Kies in einigen cm Tiefe dunkelgrau bis schwarz verfärbt ist. Meist handelt es sich um Ablagerungen von Eisen(II)sulfid (FeS), es können auch Calcium-, Kalium- oder Natriumsulfide sein und in ganz seltenen Extremfällen Spuren von Schwefelwasserstoff (H_2S).

Ein Gewächshaus für Aquariumpflanzen. Cryptocorynen werden am besten emers kultiviert.

Bild C22-1: Blanke Stiele von Silberlöffeln steckten drei Tage lang im Boden an verschiedenen Stellen. Das gebildete Silbersulfid beweist, dass schon ab zwei Zentimeter Tiefe Reduktionsprozesse auftreten können.

Bild C22-1 zeigt Silberlöffel, die einige Tage an verschiedenen Stellen im Boden gesteckt hatten; die Silbersulfid-Belag beweist, dass Sulfate reduziert worden sind. Der Pflanzenwuchs wird davon nicht beeinträchtigt! Die Aquarienpraxis hat bewiesen, dass der Bodengrund sogar unbedingt Reduktionszonen enthalten muss, um guten Pflanzenwuchs zu ermöglichen!

Der Sulfatgehalt im Aquarium gilt als weitgehend unkritisch. Regelmäßige Kontrollen sind daher nicht erforderlich.

Messung. Exakte Messverfahren sind aufwändig. Relativ einfach und genügend genau ist das Jodat-Tannin-Verfahren: Sulfat-Ionen reagieren mit Bariumjodat zu Bariumsulfat und Jodat-Ionen. Diese bilden mit Tannin einen hellbraunen Farbkomplex, dessen Farbdichte Maß ist für den Sulfatgehalt in der Wasserprobe.

Sulfattests sind bisher nur im Laborhandel erhältlich. Ihre Haltbarkeit beträgt meistens mehrere Jahre.

Prüfung. Es werden 0,335 g Natriumsulfat ($Na_2SO_4{\cdot}10H_2O$) in 500 ml Wasser gelöst. Nach Verdünnung 1:5 erhält man eine Prüflösung mit 40 mg/l SO_4^{2-}-Ionen.

$Na_2SO_4{\cdot}10H_2O$ ist als Glaubersalz in Apotheken auch in kleinen Mengen erhältlich. Der geringere Reinheitsgrad genügt vollauf für die Aquarienpraxis.

Grenzwerte. Die EG-Richtzahl für Trinkwasser beträgt 25 mg/l SO_4; die Trinkwasserverordnung erlaubt bis zu 240 mg/l. Im Aquarium muss der Sulfatgehalt stets beurteilt werden im Zusammenhang mit den übrigen Anionen im Wasser. Ein Anteil von ungefähr 14 % entspricht dem Standard-Ionenverhältnis und ist deshalb optimal für die meisten Organismen. Daraus ergibt sich ein Richtwert von 3,7 mg/l SO_4^{2-} pro °d Karbonathärte.

Stärkere Abweichungen vom Richtwert werden meist toleriert. Extrem sulfatreiche Wässer können aber Kleinwuchs der Fische bewirken.

Erhöhen. So gut wie nie erforderlich. In 100 Liter Wasser wird durch 3,4 g Glaubersalz (siehe oben) der Sulfatgehalt um 10 mg/l erhöht. Gleichzeitig steigt der Natriumgehalt um 4,8 mg/l.

Senken. Selten erforderlich. Wasserwechsel durchführen, nötigenfalls mit entsalztem Wasser.

23. Wasserstoffperoxid H_2O_2

Bedeutung. Wasserstoffperoxid ist eine farblose, mit Wasser beliebig mischbare Flüssigkeit. Die Verbindung zerfällt nach folgender Gleichung:

$$H_2O_2 \rightarrow H_2O + 1/2\ O_2$$

Das freigesetzte Einzel-Sauerstoffatom, hier als halbes Molekül beschrieben, ist außerordentlich reaktionsfreudig. Deshalb ist Wasserstoffperoxid ein starkes Oxidationsmittel und kann zahlreiche organische Verbindungen zerstören.

Wasserstoffperoxid ist als wässrige Lösung erhältlich und zwar bevorzugt in 3 oder 30 %iger Konzentration (Drogerien, Zoohandel). Das 3 %ige Peroxid ist relativ harmlos. Gefährlich aber ist das 30 %ige Peroxid, es wirkt stark ätzend! Deshalb:

- Nach Hautkontakten sofort abwaschen mit viel Wasser!

- Unbedingt Schutzbrille tragen! Verätzungen der Augen heilen nie!

Wasserstoffperoxid zerfällt langsam von selbst nach obiger Gleichung. In dicht verschlossenen Gefäßen entwickelt sich deshalb allmählich ein Überdruck, der die Flaschen zum Bersten bringen kann. Der Lagerplatz muss dementsprechend sicher gewählt und der Überdruck regelmäßig abgelassen werden. Wärme und Licht beschleunigen den Zerfall, deshalb Vorratsflaschen kühl und dunkel lagern. Um dem Zerfall entgegen zu wirken, werden Stabilisatoren zugesetzt. Gebräuchlich sind 0,05 % Phosphorverbindungen wie auch folgende Mischung:

$$0{,}015\ \%\ Na_2H_2P_2O_7$$
$$+\ 0{,}010\ \%\ H_3PO_4$$
$$+\ 0{,}006\ \%\ NH_4NO_3.$$

In der Aquaristik sollte Wasserstoffperoxid nur zurückhaltend angewendet werden, denn es kann schon in relativ geringer Konzentration die Schleimhäute und Kiemen der Fische angreifen. Außerdem oxidiert es wichtige Nährstoffe der Pflanzen und kann dadurch den Pflanzenwuchs beeinträchtigen. Einige Fischzüchter haben beobachtet, dass bei ständiger Anwendung von Wasserstoffperoxid die Fische häufiger erkranken; als Ursache wird ein Mangel lebenswichtiger Spurenelemente vermutet, die durch H_2O_2 wasserunlöslich festgelegt worden sind. Denn Fische nehmen Salze nicht nur mit ihrer Nahrung auf, sondern auch unmittelbar aus dem Wasser.

Gelegentlich wird Wasserstoffperoxid bei akutem Sauerstoffmangel benutzt als Notmaßnahme. Dosierung: 25 ml 3 %iges H_2O_2 auf 100 Liter Aquarienwasser. Gut durchmischen! Bei vollständiger Umsetzung steigt der Sauerstoffgehalt theoretisch um 3,5 mg/l. Nicht nachdosieren, ohne zu messen! Denn das H_2O_2 zersetzt sich nur langsam, es sind sehr gefährliche Anreicherungen möglich! Schneller, bequemer und vor allem ohne Risiko kann der Sauerstoffgehalt angehoben werden mit einer Kreiselpumpe, die die Wasseroberfläche kräftig bewegt.

Wasserstoffperoxid wird auch benutzt in so genannten Oxidatoren. Dies sind Vorrats- und Dosiergeräte, die über einige Wochen spurenweise H_2O_2 in das Aquarienwasser abgeben. Weil Wasserstoffperoxid die oxidative Zerlegung von organischen Verbindungen beschleunigt, kann dadurch in stark mit Fischen besetzten Aquarien die Reinigungsarbeit des Filters unterstützt werden.

Die intensive Oxidation aller Wasserinhaltsstoffe kann aber den Pflanzenwuchs ganz erheblich behindern, weil wichtige Nährstoffe festgelegt werden. Das ist insbesondere der Fall bei geringem Fischbesatz, also geringer organischer Belastung. Über die aquaristische Bedeutung und Anwendung von Oxidatoren siehe bei Krause (1984).

Aus Sicherheitsgründen sollten Oxidatoren einen Katalysator besitzen, beispielsweise aus Braunstein (MnO_2). Er lässt austretendes Wasserstoffperoxid rasch zerfallen in Wasser und Sauerstoff und kann damit verhindern, dass gefährlich hohe H_2O_2-Konzentrationen abgegeben werden.

Oxidatoren wird nachgesagt, dass sie das Wasser mit Sauerstoff anreichern. Jedoch wird die Wirkung meist weit überschätzt: Ein Oxidator, der mit 250 ml 6 %igem H_2O_2 ein 200-l-Aquarium vier Wochen lang versorgt (lt. Hersteller), liefert zwar insgesamt 7 Gramm Sauerstoff, doch sind das pro Liter Wasser täglich nur 1,25 mg. Diese Sauerstoffmenge und mehr liefert spielend die übliche Wasserumwälzung!

Messung. Ein einfacher, preiswerter Nachweis gelingt mit Titanylsulfat ($TiO<SO_4>$), auch Titanoxidsulfat genannt (Laborhandel). Dazu füllt man ein schlankes Reagenzglas mit etwa 20 ml Wasserprobe und gibt eine

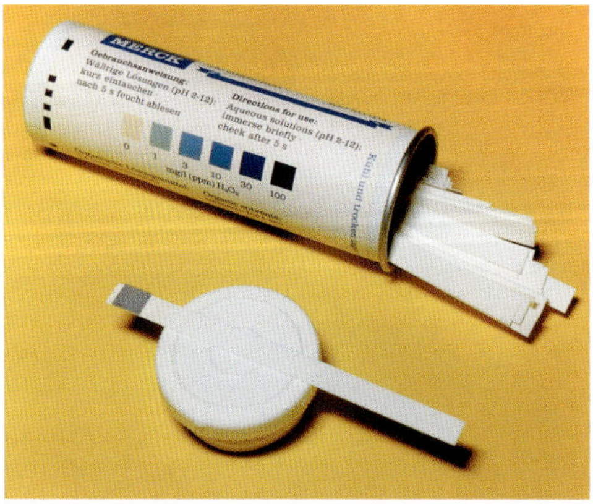

Bild C23-1: Im Laborhandel sind leicht zu handhabende Teststäbchen für Wasserstoffperoxid erhältlich. Auch auch Chlor (Cl_2) bewirkt eine Farbreaktion.

etwa streichholzkopfgroße Portion Titanylsulfat hinzu. Nach Umschütteln blickt man von oben in das Reagenzglas hinein auf eine weiße Unterlage: Gelbfärbung weist auf Wasserstoffperoxid hin. Die Nachweisgrenze liegt bei ungefähr 2 mg/l H_2O_2.

Ein einfaches Messverfahren bieten Peroxid-Teststäbchen. Sie werden für einige Sekunden in das Wasser eingetaucht; je nach Konzentration an H_2O_2 färben sich entsprechende Reagenzfelder um. Der Messbereich beträgt etwa 1 bis 100 mg/l und ist recht grob gestuft.

Prüfung. Es werden 1 ml einer 3 %igen Lösung Wasserstoffperoxid auf 500 ml Wasser verdünnt. Die Lösung enthält theoretisch 60 mg/l H_2O_2. Weil aber der Zersetzungsgrad der gekauften Lösung unbekannt ist, sind größere Abweichungen möglich.

Grenzwerte. Im Aquarienwasser sollte grundsätzlich kein Wasserstoffperoxid nachweisbar sein. Die als Sauerstoff-Notmaßnahme beschriebene Dosierung ergibt eine Konzentration von 7,5 mg/l H_2O_2, die langsam abgebaut wird. Bei höheren Werten oder längerer Einwirkung muss mit Schäden an Tieren und Pflanzen gerechnet werden.

Erhöhen. Abgesehen von dringenden Ausnahmefällen, nicht zu empfehlen.

Senken. Wasserstoffperoxid zersetzt sich mit der Zeit von selbst. Nötigenfalls Wasserwechsel. Wenn beim Gebrauch eines Oxidators ständig H_2O_2 nachweisbar ist, so ist die Dosierung zu hoch. Prüfen, ob das Gerät einen Katalysator besitzt!

Literatur

Krause, Hanns-J. (1984): Wasserstoffperoxid-Oxidatoren. Aquarien-Magazin 18, Seite 327-329. Franckh-Verlag.

Am Rio Negro. In Stellnetzen werden die Zierfischfänge vorübergehend gehältert, bis sie von den Händlern aus Manaus eingekauft werden.

Hausboot einer Zierfischfänger-Familie. Auf dem Dach gedeiht der Kräutergarten.

24. Rechentafel KH-CO_2-pH

In den meisten Wässern bestimmen die Karbonathärte und der Kohlensäuregehalt die Höhe des pH-Wertes. Diese drei Partner lassen sich in einer mathematischen Beziehung miteinander verknüpfen. Sind zwei von ihnen durch Messung bekannt, lässt sich der dritte errechnen.

Der Zusammenhang lässt sich grafisch übersichtlich darstellen. Die Rechentafel (nach KRAUSE) gilt für Wässer mit durchschnittlichem Ionenspektrum und bei etwa 25 °C. Der pH-Wert sollte auf 0,1 pH genau bestimmt werden, also entweder elektrisch oder mit einem wirklich guten kolorimetrischen pH-Test.

Die Rechentafel kann nicht angewendet werden, sobald außer Hydrogencarbonat und Kohlensäure noch größere Mengen anderer Basen oder Säuren anwesend sind. Also zum Beispiel, wenn über Torf gefiltert wurde oder nach Zugabe von „pH-Plus/-Minus“-Präparaten. Auch „Altwasser“ kann störende Säuren aus Stoffwechselprozessen enthalten. Man erkennt solche Wässer daran, dass sie bei Belüftung nicht mindestens pH = 8,0 erreichen. Etwaige Differenzbestimmungen aus belüfteter/unbelüfteter Wasserprobe führen hier nicht zum Ziel, weil die zusätzlichen Basen oder Säuren oft störende Puffersysteme bilden. Dann kann der pH-Wert dem CO_2-Gehalt nicht mehr logarithmisch folgen, sondern ändert sich an bestimmten Stellen nur sehr träge und an anderen dagegen sprunghaft.

Die Rechentafel ist in der Aquarienpraxis sehr nützlich beim Lösen wasserchemischer Fragen. Einige Beispiele:

Bestimmung des CO_2-Gehaltes. Sind die Karbonathärte und der pH-Wert bekannt, lässt sich der ungefähre CO_2-Gehalt ablesen.

Beispiel: Es werden 10 °d und 6,9 pH gemessen. Wie hoch ist der CO_2-Gehalt? – Lösung: Suche auf der unteren Skala 10 °d auf und gehe senkrecht nach oben bis zur schräg verlaufenden 6,9-pH-Linie; in dieser Höhe sind am linken Rand 40 mg/l CO_2 ablesbar.

Zulässige Karbonathärte beim Senken des pH-Wertes. Manche Fischzuchten erfordern Wässer mit schwach saurem pH-Wert. Dieser kann – wie in der Natur – mit CO_2 eingestellt werden, sofern die Karbonathärte genügend niedrig ist.

Beispiel: Der pH-Wert soll auf etwa 6,5 pH gesenkt werden. Dabei sollen nicht mehr als 30 mg/l CO_2 gegenwärtig sein. Wie hoch darf die Karbonathärte höchstens sein? – Lösung: Suche am linken Rand 30 mg/l CO_2 und gehe waagerecht nach rechts bis zur schrägen 6,5-pH-Linie; senkrecht darunter sind als Ergebnis ablesbar 3 °d KH.

In genügend weichen Wässern kann auch Torffilterung zum Ziel führen, siehe dort.

Überwachung der CO_2-Düngung durch pH-Grenzwerte. Im Aquarium sollte der CO_2-Gehalt nicht über 60 mg/l steigen (der Fische wegen) und nicht unter 10 mg/l sinken (der Pflanzen wegen). Ist die Karbonathärte bekannt, lässt sich mit einem pH-Dauerindikator oder elektrischen pH-Meter der CO_2-Gehalt leicht überwachen.

Beispiel: Das Wasser hat eine Karbonathärte von 8 °d; bei 60 mg/l CO_2 gibt die Rechentafel pH 6,6 an, bei 10 mg/l CO_2 sind es 7,4. Folglich sollten Belüftung und CO_2-Zufuhr so betrieben werden, dass der pH-Wert stets zwischen 6,6 und 7,4 liegt.

Wichtig: Bei Wässern mit Torffilterung oder mit Zusatz von „pH-Plus/Minus“- Präparaten liefert die Rechentafel falsche Werte.

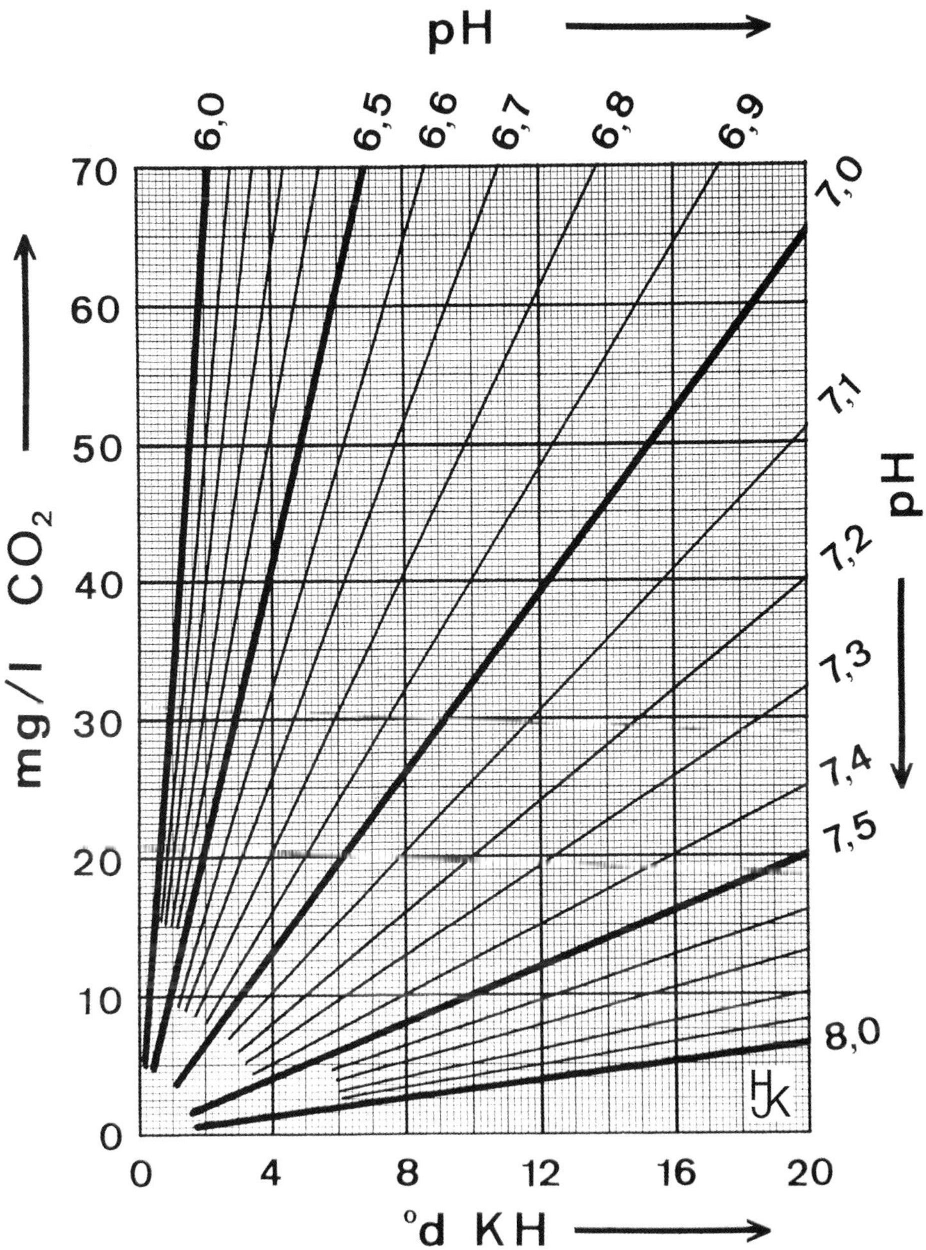

Bild C24.1: KH-CO_2-pH-Rechentafel (nach KRAUSE) für natürliche Wässer mit durchschnittlichem Ionen-Spektrum bei 25 °C. Anwendungsbeispiele im Text.

D. Einfache Wasseraufbereitung

Das in öffentlichen Netzen angelieferte Trinkwasser ist unser wichtigstes Lebensmittel überhaupt. Es unterliegt deshalb einer strengen und ständigen Überwachung, insbesondere in hygienischer Hinsicht.

Unser Trinkwasser kann daher grundsätzlich auch für Süßwasser-Aquarien verwendet werden. Allerdings stellen Fische und Pflanzen etwas andere Anforderungen, denn in der Natur sind sie an See-, Teich- oder Flusswasser adaptiert. Dieses Wasser aber ist meistens etwas anders beschaffen, für jedermann schon daraus ersichtlich, dass wir es nicht als appetitliches Trinkwasser akzeptieren.

Um ein gutes Aquarienwasser zu erhalten, genügt es in den allermeisten Fällen, die Hinweise im Kapitel „Leitungswasser" beziehungsweise „Torffilter" zu berücksichtigen. Nur wenige und spezialisierte Fischliebhaber werden das Aquarienwasser entsalzen oder aufsalzen, um den besonderen Ansprüchen ihrer Pfleglinge gerecht zu werden.
Hierbei können die Teile E. und F. dieses Buches helfen.

Ein kleiner Bach in Thailand mit herrlichen Beständen von *Cryptocoryne cordata* vom Wuchstyp *blassii*. Das Wasser hat eine Leitfähigkeit von nur 25 µS/cm. Die geringe Leitfähigkeit ist kein Muss für diese Cryptocorynen. Mitgebrachte Pflanzen wuchsen im Aquarium auch bei 600 µS/cm und etwa 18 °d GH sehr gut weiter.

1. Leitungswasser

Das Wasserwerk stellt klar: Wir stellen Trinkwasser her, kein Aquarienwasser. Einer der Unterschiede liegt darin, dass das Trinkwasser keinerlei organische Verbindungen enthält, im Gegensatz zu natürlichen Wässern. Deshalb sollte man dem künftigen Aquarienwasser unbedingt kleine Mengen an organischen Stoffen zugeben. Diese wirken unter anderem als Schutzkolloid für die Schleimhaut und die Kiemen der Fische, sowie als Chelator für kritische Pflanzennährstoffe. Näheres im Kapitel „Organische Verbindungen". Der Zoohandel bietet geeignete Frischwasserzusätze an.

In der Leitung steht das Wasser unter etwa 3-7 bar Druck. Es enthält deshalb mehr Gase gelöst, als offen stehendes Wasser. Sobald das Leitungswasser aus dem Hahn läuft, entfällt der Druck, und die überschüssigen Gase perlen aus. Ähnliches passiert auch beim Öffnen einer Flasche Sprudelwasser mit dem Kohlendioxid. Häufige Folge: Im Aquarium werden alle Gegenstände überzogen mit feinen Gasblasen. Darunter leiden insbesondere die Fische, an deren Kiemen sich ebenfalls Gasblasen absetzen und die Atmung erheblich stören. Nicht selten sind Fischverluste die Folge.

Das lässt sich vermeiden, indem man das Leitungswasser vor Gebrauch aus der Handbrause in weitem Bogen in die Badewanne verrieseln lässt. Durch die Luftwäsche werden die überschüssigen Gase ausgetrieben, und der Sprudelwasser-Effekt unterbleibt.

Riecht es dabei deutlich nach Hallenbad, so enthält das Wasser Chlor. Dieses muss vor Gebrauch entfernt werden, zum Beispiel durch Filtern über Aktivkohle. Näheres siehe unter „Chlor". Beim Kauf der Aktivkohle wähle man ausschließlich aquaristisch erprobte Sorten, denn Aktivkohle wird häufig nach dem Chlor-Zink-Verfahren hergestellt und gibt beim Gebrauch noch Reste giftiger Stoffe ab! Erschöpfte Aktivkohle lässt sich unter aquaristischen Bedingungen nicht regenerieren, sondern muss ausgetauscht werden (ausführlich in KRAUSES „Handbuch Aquarientechnik").

Wenn die Wasserhärte (der Salzgehalt) des Wassers für den Anspruch der Fische zu hoch ist, kann man sie etwas senken mit einem Torffilter. Genügt diese Maßnahme nicht, muss man das Wasser mittels Ionenaustauscher oder Umkehrosmose entsalzen und meistenteils wieder etwas aufsalzen. Siehe die jeweiligen Kapitel in diesem Buch.

Von Zeit zu Zeit werden immer wieder elektrische und magnetische Wasserenthärter oder -entkalker auf den Markt gebracht. Sie sind aquaristisch ausnahmslos wertlos! Sie verändern in keinster Weise die chemische Zusammensetzung des Wassers, sondern günstigstenfalls die Kristallform in der der Kalk ausfällt, wodurch die Oberfläche der Armaturen leichter zu reinigen sein soll.

2. Torffilter

Torf ist ein uneinheitliches Gemenge von biochemisch unvollständig zersetzten Pflanzenresten. Er kann sich in Mooren bilden, wenn Moose und Gräser nach dem Absterben im Wasser versinken und dort unter Luftabschluss sehr langsam zersetzt werden. Zur Bildung einer 1 m dicken Torfschicht vergehen etwa 1000 Jahre.

Man unterscheidet Hoch- und Niedermoore. Niedermoore entstehen vor allem aus Schilf- (Phragmiten) und Seggenarten (Carex). Dagegen entstehen Hochmoore vor allem aus Bleichmoosen (Spagnen), Wollgräsern (Eriophoren) und Heidekrautgewächsen (Ericaceen); ihr wichtigstes Merkmal: bei der Entstehung wölben sie sich uhrglasförmig hoch, daher ihr Name Hochmoor.

Aquaristisch geeignet ist allein der Torf aus Hochmooren. Er ist extrem nährstoffarm und reagiert sauer. Seine Farbe ist bei geringer Vertorfung blass-bleich, bei stärkerer dagegen schwarzbraun (Vorstufe der Braunkohle).

Zur Wasseraufbereitung eignet sich der nur mäßig vertorfte, hellbraune Weißtorf. Er kann ähnlich wie ein Ionenaustauscher Härtebildner aufnehmen und Huminsäuren abgeben, kann also das Wasser in gewissen Grenzen enthärten und ansäuern.

Bei Torf für den Gartenbau ist Vorsicht geboten: Er ist meist mit Düngemitteln präpariert. Aquaristisch geeignet ist nur unbehandelter Torf, also „Torf zur Herstellung von Kultursubstraten" (DIN 11540). So genanntes „Null-Substrat" ist zwar auch (fast) ungedüngt, aber mit Kalk behandelt und deshalb aquaristisch unbrauchbar.

Torfprüfung. Exakte Prüfungen nach DIN 11540 und den Verweisen darin auf Normen nach DIN oder EN (**E**uropa **N**orm) sind unter Hobbybedingungen nicht möglich. Die folgenden Prüfvorschläge können deshalb nur zur Orientierung dienen. Das gilt ganz besonders den Punkt 3.

1. pH-Wert. In Anlehnung an EN 13037 wird eine leicht zusammengedrückte Torfprobe von 60 ml über Nacht eingeweicht in 300 ml entsalztem Wasser. Dann gießt man den Wasserextrakt ab und misst den pH-Wert; er sollte nach DIN 11540 zwischen 3,5 und 5,0 liegen.

2. Leitfähigkeit. In dem Wasserextrakt misst man in Anlehnung an EN 13038 die Leitfähigkeit. Nach DIN 11540 sollte sie nicht höher sein als 70 µS/cm. Liegt das Messergebnis höher, so sind wahrscheinlich Dünger enthalten und nähere Untersuchungen zu empfehlen. Wenn die Leitfähigkeit ganz erheblich darüber liegt, sollte man besser eine andere Torfsorte suchen.

3. Nährstoffe. Nach EN 11540 darf unbehandelter Weißtorf je Liter maximal enthalten: 50 mg N, 30 mg/l P_2O_5, 40 mg/l K_2O. Für die Untersuchung sind ganz spezielle Verfahren vorgeschrieben, und die Extraktion muss nach DIN 13651 erfolgen mit Hilfe einer $CaCl_2$/DTPA-Lösung (CAT). Solche Torfprüfungen sind in der Aquarienpraxis nicht realisierbar.

Will man unter Hobby-Bedingungen wenigstens einen groben Anhalt gewinnen, so kann man den Wasserextrakt analysieren. Dabei sollten die Werte in Tabelle D2-A nicht überschritten werden; die Tabelle enthält die umgerechneten DIN-Werte, wobei der Gesamtstickstoff aufgeteilt wurde in 1 Teil Ammoniumstickstoff und 2 Teile Nitratstickstoff (Torf-Erfahrungswerte). Außerdem wurde berücksichtigt, dass der Wasserextrakt im Vergleich zum Torf auf ein Fünftel verdünnt ist.

Ein Gehalt im Torf bis zu 150 mg/l Nitrat und 35 mg/l Phosphat erscheinen auf den ersten

Tabelle D2-A:
Nach Einweichen über Nacht von 60 ml Torf in 300 ml entsalztem Wasser sollten darin höchstens messbar sein

	in der Probe	entspricht in 1 l Torf
NH_4	4 mg/l	20 mg
NO_3	30 mg/l	150 mg
PO_4	7 mg/l	35 mg
K	7 mg/l	35 mg

So sieht es ein Vierauge (*Anableps anableps*): Über Wasser der Regenwald und unter Wasser ein Cryptocorynenbiotop. (Die Kamera wurde in einem offenen Acrylglaskasten halb in das Wasser getaucht.)

Blick aquaristisch untragbar hoch zu sein, aber bei einer Dosierung von beispielsweise 1 Liter Torf auf 100 Liter Wasser erreichen die Konzentrationen im Aquarienwasser nur 1/100 dieser Werte, sie sind also harmlos.

Verfahren. Zur Wasserbehandlung kann man den Torf als Filtermasse in einen üblichen Topffilter einfüllen.

Ein größerer Filter lässt sich behelfsmäßig herstellen aus zwei Plastikeimern, die ineinander gestellt werden. Der innere Eimer wird mit Torf gefüllt, sein Boden ist siebartig durchlöchert. Der äußere Eimer fängt das durchgelaufene Wasser auf; er erhält einen Ablaufstutzen, oder man legt eine Tauchpumpe hinein. Das Aufschwimmen des Torfes kann ein Deckel mit Zulaufstutzen verhindern.

Vor dem Gebrauch muss der Torf eingeweicht und restlos durchfeuchtet werden. Trocken eingefüllter Torf kann dicht geschlossene Filtertöpfe durch Aufquellen zum Platzen bringen. Außerdem behindern trockene Zonen im Torf den Wasserdurchlauf.

Erschöpfter Torf kann nicht regeneriert werden, er muss ausgetauscht werden.

Kapazität. Torf ist ein Naturprodukt, deshalb können seine Eigenschaften je nach Herkunft stark schwanken.

Richtwert: Ein Liter dicht gepackter Torf senkt in 50 Litern Wasser die Gesamt- und die Karbonathärte um etwa 5 °d. Dabei kann der pH-Wert je nach Enthärtungsgrad und Torfqualität bis auf etwa 4 sinken.

Beurteilung. Die Aufbereitung mit Torf ist nur zu empfehlen bei kleinen Wassermengen und geringer Härte des Rohwassers. Bei Wässern über etwa 8 °d GH ist das Verfahren unwirtschaftlich.

E. Entsalzen des Wassers

Um den Salzgehalt (die Wasserhärte) des Wassers zu senken, sind in der Aquaristik zwei Verfahren gebräuchlich: Umkehrosmose und Ionenaustauscher.

Die Umkehrosmose ist besonders geeignet für höheren und ständigen Wasserbedarf. Sie bedarf einiger Aufmerksamkeit und Pflege, damit die sehr teure Membrane nicht vorzeitig verschleißt. Der Verbrauch an Wasser ist hoch, denn nur rund 25 % des Rohwassers werden als Reinwasser gewonnen, rund 75 % sind Abwasser.

Die Ionenaustauscher werden seit Einführung der Umkehrosmose seltener benutzt. Ionenaustausch ist zweckmäßig bei geringem und seltenem Wasserbedarf. Vollentsalzer liefern besonders salzarmes Wasser (aquaristisch unwichtig) und verschleißen im Gebrauch kein Abwasser. Besonders praktisch, weil ohne Pflegebedarf, sind Vollentsalzer mit Regenerierservice.

Wer sicher im Umgang mit Chemikalien ist und die Arbeit des Regenerieren nicht scheut, kann vorteilhaft auch eine so genannte Teilentsalzung durchführen (siehe dort).

1. Umkehrosmose

Verfahren. Bei Osmoseprozessen wandert das Wasser normalerweise vom dünneren Medium durch die halbdurchlässige Trennwand hindurch zum konzentrierten Medium. Das Wasser ist also bestrebt, das Konzentrationsgefälle auszugleichen (siehe im Kapitel „Leitfähigkeit" Bild C11-1 auf Seite 58). Bei der Umkehrosmose wird der osmotischen Druckdifferenz ein derart hoher mechanischer Druck entgegengesetzt, dass die Wanderung des Wassers gestoppt wird und in die umgekehrte Richtung gezwungen wird. Das Wasser diffundiert also unter dem äußeren Druck umgekehrt vom konzentrierten Medium zum dünneren, und man erhält schließlich auf der einen Seite der Membran reines Wasser und auf der anderen eine stärker konzentrierte Salzlösung. Siehe Bild E1-1.

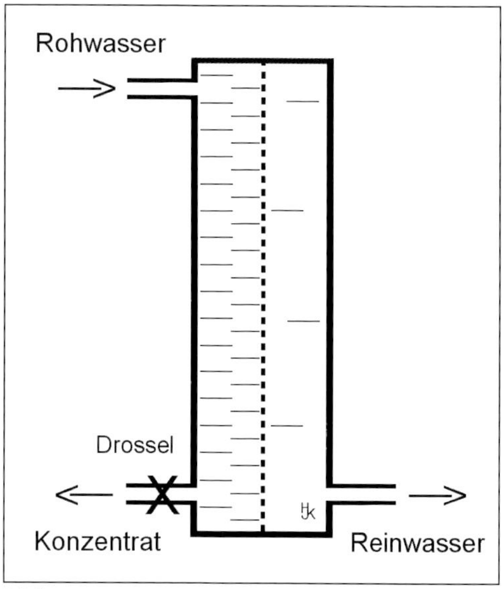

Bild E1-1: Prinzip einer Umkehrosmose. Das Rohwasser tritt oben ein und wird im Ablauf unten gestaut durch ein nur wenig geöffnetes Ventil. Der Wasserdruck der Leitung presst das Rohwasser gegen die Membrane, die jedoch nur salzarmes Reinwasser durchlässt. Das salzreiche Konzentrat verlässt das System durch das Drosselventil.

Vereinfacht kann man sich das Verfahren auch als ultrafeine Filtration vorstellen, bei der das salzhaltige Wasser gegen eine feinporige Membran gedrückt wird, durch die nur das reine Wasser hindurchsickern kann. Weil das Wasser wegen des osmotischen Druckgefälles gerne in umgekehrter Richtung wandern möchte, muss man einen entsprechend hohen Gegendruck aufwenden.

Der erforderliche Druck liegt bei drei bis sechs bar, das bedeutet, dass die Umkehrosmose-Geräte bereits mit dem in der häuslichen Wasserleitung üblichen Druck arbeiten können. Der Wirkungsgrad liegt bei etwa 25 %, das heißt je 100 Liter Rohwasser werden etwa 25 Liter fast salzfreies Reinwasser abgegeben, und 75 Liter Wasser laufen als salzangereichertes Abwasser in die Kanalisation. Erhöht man den Arbeitsdruck mit einer Pumpe von drei auf sechs bar, werden Wirkungsgrad und Reinheit des Wassers deutlich gesteigert.

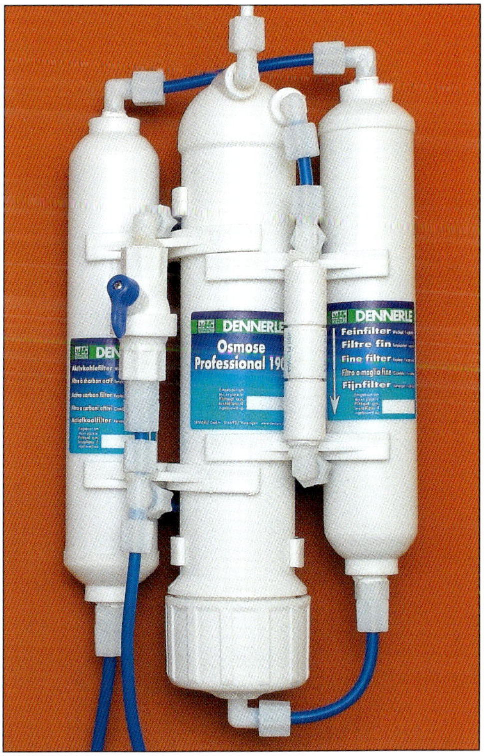

Die Tagesleistung der für den Aquarienbereich angebotenen Geräte liegt bei täglich 25 bis zu mehreren 100 Liter Reinwasser und ist abhängig vom Wasserdruck und von der Wassertemperatur. Beim Kauf wählt man die Leistung nicht unnötig hoch, denn Umkehrosmose-Geräte sollten ohne längere Pausen möglichst im Dauerbetrieb arbeiten. Ein Beispiel für ein Umkehrosmose-Gerät mit Aktivkohlefilter und Feinfilter zeigt Bild E1-2.

Bei Kauf einer Umkehrosmose-Anlage achte man auf die Art der Membran; je nach Material hat sie unterschiedliche Eigenschaften und muss dementsprechend behandelt werden:

- Celluloseacetat: Preisgünstiges Material. Weitgehend unempfindlich gegen Chlor. Muss auch bei kurzem Nichtgebrauch gegen Bakterienfraß konserviert werden (siehe unter „Wartung“).

- Polyamid-Polysulfon: Weitgehend unempfindlich gegen Bakterienfraß. Wird bereits durch Spuren von Chlor zerstört, daher muss unbedingt ein Aktivkohle-Filter vorgeschaltet werden, siehe auch im Kapitel „Chlor“.

- Polyvinyl: Unempfindlich gegen Bakterienfraß. Verträgt mehr Chlor (bis 1 mg/l) als in der BRD dem Trinkwasser zugesetzt werden darf (0,6 mg/l).

Bild E1-2: Ein Umkehrosmose-Gerät mit einer Tagesleistung je nach Wasserdruck und -temperatur von 100 bis 190 Liter Reinwasser. Das Rohwasser läuft zunächst durch einen Aktivkohlefilter (linke Patrone) und dann durch einen Feinfilter (rechte Patrone), der die Membrane vor Schmutz und damit vorzeitigem Verschleiß schützt.

Bei sehr hartem Rohwasser (über 20 °d KH) und hoch eingestellter Wasserausbeute (Verhältnis von Rein- zu Abwasser) besteht die Gefahr, dass die Membran durch ausfallendes Ca- oder Mg-Carbonat verstopft und unbrauchbar wird. Das lässt sich verhindern, indem man einen Ionenaustauscher vorschaltet; hierzu genügt ein einfacher, mit Kochsalz regenerierbarer Neutralaustauscher (siehe dort).

Ähnliche Probleme können auftreten bei sauerstoffarmen Wässern mit mehr als 0,1 mg/l Eisen oder Mangan. Diese Gefahr besteht bei Leitungswässern nur selten; aber wenn man einen eigenen Brunnen betreibt, sollte man den Eisen- und den Mangangehalt des Wassers messen.

Das Reinwasser, auch Permeat genannt, ist mehr oder weniger schwach sauer und enthält nur etwa 2 bis 10 % der Salze des Rohwassers. Gleichermaßen sinken Härte und Leitfähigkeit. Die Werte schwanken je nach Membrantyp, Wasserzusammensetzung, Betriebsdruck, Temperatur und so weiter. Die Tabelle E1-A gibt einen Überblick.

Die Umkehrosmose ist ein rein mechanisches Filterprinzip, das heißt, das Rückhaltevermögen wird vom Porendurchmesser der Membran bestimmt (etwa 0,1-2,0 µm) sowie von der Größe und Beweglichkeit der Teilchen im Wasser. Deshalb werden nicht nur Ionen größeren Durchmessers zurückgehalten, sondern auch Bakterien, Huminstoffe, Pestizide (Insektengifte), Pyrogene und andere organische Verbindungen.

Tabelle E1-A: Umkehrosmose reduziert den Gehalt an Ionen ungefähr auf:

Kationen:		Anionen:	
Calcium	3%	Chlorid	7%
Eisen	2%	Hydrogencarbonat	7%
Magnesium	3%	Nitrat	8%
Mangan	3%	Phosphat	2%
Natrium	4%	Silicat	5%
Kalium	5%	Sulfat	3%
Kupfer	2%		

Gasmoleküle sind relativ klein und sehr beweglich, deshalb werden Sauerstoff, Stickstoff, Kohlendioxid und Chlor kaum ausgefiltert. Folglich kann Wasser, das zuvor im Gleichgewicht Kohlensäure-Hydrogencarbonat stand, nach der Umkehrosmose kalkaggressiv werden, denn es hat zwar Härte aber kaum CO_2 verloren.

Wartung. Eine Regenerierung ähnlich wie bei Ionenaustauschern ist nicht erforderlich. Umkehrosmose-Geräte können und sollten möglichst im Dauerbetrieb arbeiten. Nach jeweils einigen Stunden Betriebszeit sollte das Gerät kurzzeitig gespült werden durch vollständiges Öffnen des Restwasserventiles. Auf die Anweisungen des Herstellers ist ganz besonders zu achten, sonst erlischt jeder Garantieanspruch.

Verschleißteil ist die Membran. Hat das Rohwasser Trinkwasserqualität nach DIN-Norm, hält sie bei richtiger Pflege im Allgemeinen mehrere Jahre. Bei schlechter Membranqualität oder ungünstigen Betriebsbedingungen kann ein Neukauf schon nach einigen Monaten fällig werden. Die Kosten der Ersatzmembran sind sehr erheblich.

Acetat-Membranen müssen auch bei kurzem Stillstand gegen Bakterienfraß konserviert werden. Membranen aus Polyamid-Polysulfon sollten konserviert werden bei Ruhepausen über eine Woche, Polyvinyl-Membranen bei Pausen über einen Monat. Zum Konservieren eignet sich beispielsweise eine wässrige Lösung mit 4 % Formalin und 10 % Methanol. Oder man benutzt eine 0,8 bis 1 %ige Lösung aus Natriumdisulfit. Alle diese Stoffe unterliegen der Gefahrenstoffverordnung und erfordern sachgemäßen Umgang.

Beurteilung. Umkehrosmose-Geräte haben die Ionenaustauscher weitgehend verdrängt. Nach druckfestem Anschluss an die Wasserleitung sind sie sehr bequem zu handhaben und müssen nicht regeneriert werden. Der Salzgehalt des Rohwassers wird allerdings nur auf etwa 2 bis 8 % reduziert, was aber für die aquaristische Praxis ohne Bedeutung ist. Das Ionenverhältnis verändert sich etwas dabei, weil nicht alle Salze in gleichem Maße zurückgehalten werden.

Die Anschaffungskosten sind hoch, die Betriebskosten sehr niedrig; sie betragen nur etwa 1/10 der von Ionenaustauschern mit vergleichbarer Leistung. Dabei sind allerdings die erheblichen Ersatzkosten der Membran und der wesentlich höhere Wasserverbrauch nicht berücksichtigt.

Das salzreiche Abwasser ist chemisch und biologisch unbedenklich, es kann auch beispielsweise im Garten verwendet werden.

Das aus dem Umkehrosmose-Gerät gewonnene Reinwasser ist salzarm. Ehe es aquaristisch verwendet wird, muss es in aller Regel den Anforderungen der Pfleglinge entsprechend aufgesalzen werden. Die Möglichkeiten hierzu beschreibt Teil F. „Aufsalzen".

Kugelfische sind putzige Kerlchen. Ihre Schwimmweise erinnert an Hubschrauber.

2. Ionenaustauscher

Ionenaustauscher sind spezielle Kunstharze, deren Moleküle ein wasserfestes, poröses Gerüst bilden. Dieses besitzt Ankergruppen, an denen Ionen angeheftet sind, die leicht gegen andere Ionen mit gleicher Ladungsart austauschbar sind.

Es werden zwei Arten von Ionenaustauschern unterschieden: Kationenaustauscher und Anionenaustauscher. Kationenaustauscher tauschen Kationen aus, also positiv geladene Ionen, wie etwa Ca^{2+}, Na^+ und H^+; ein Anionenaustauscher tauscht nur Anionen aus, also negativ geladene Ionen, wie zum Beispiel SO_4^{2-}, NO_3^- und OH^-.

Beispiel: Ein Kationenaustauscher wurde beladen mit H^+-Ionen. Er kann sie bei Wasserdurchlauf abgeben im Austausch gegen andere Kationen, also beispielsweise gegen K^+-, Na^+- oder Ca^{2+}-Ionen. Bei der Aufnahme mehrwertiger Ionen werden entsprechend viele H^+-Ionen abgegeben, bei einem Ca^{2+}-Ion also zwei H^+-Ionen.

Mit fortwährendem Austausch wird der Vorrat an H^+-Ionen verbraucht. Der Austauscher besitzt schließlich kaum noch H^+-Ionen, sondern er ist statt dessen angereichert mit anderen Kationen. Der Austauscher ist mithin erschöpft, kann aber wieder regeneriert werden. Hierzu bietet man ihm sehr konzentriert H^+-Ionen an und verdrängt auf diese Weise die anderen Kationen. So wird der Austauscher wieder in den Ausgangszustand versetzt und kann von Neuem verwendet werden.

Ein Kationenaustauscher lässt sich anstelle mit H^+-Ionen auch mit anderen Kationen beladen. So werden häufig Kationenaustauscher in der Natriumform benutzt; diese geben im Gebrauch dann Na-Ionen ab im Austausch gegen andere Kationen.

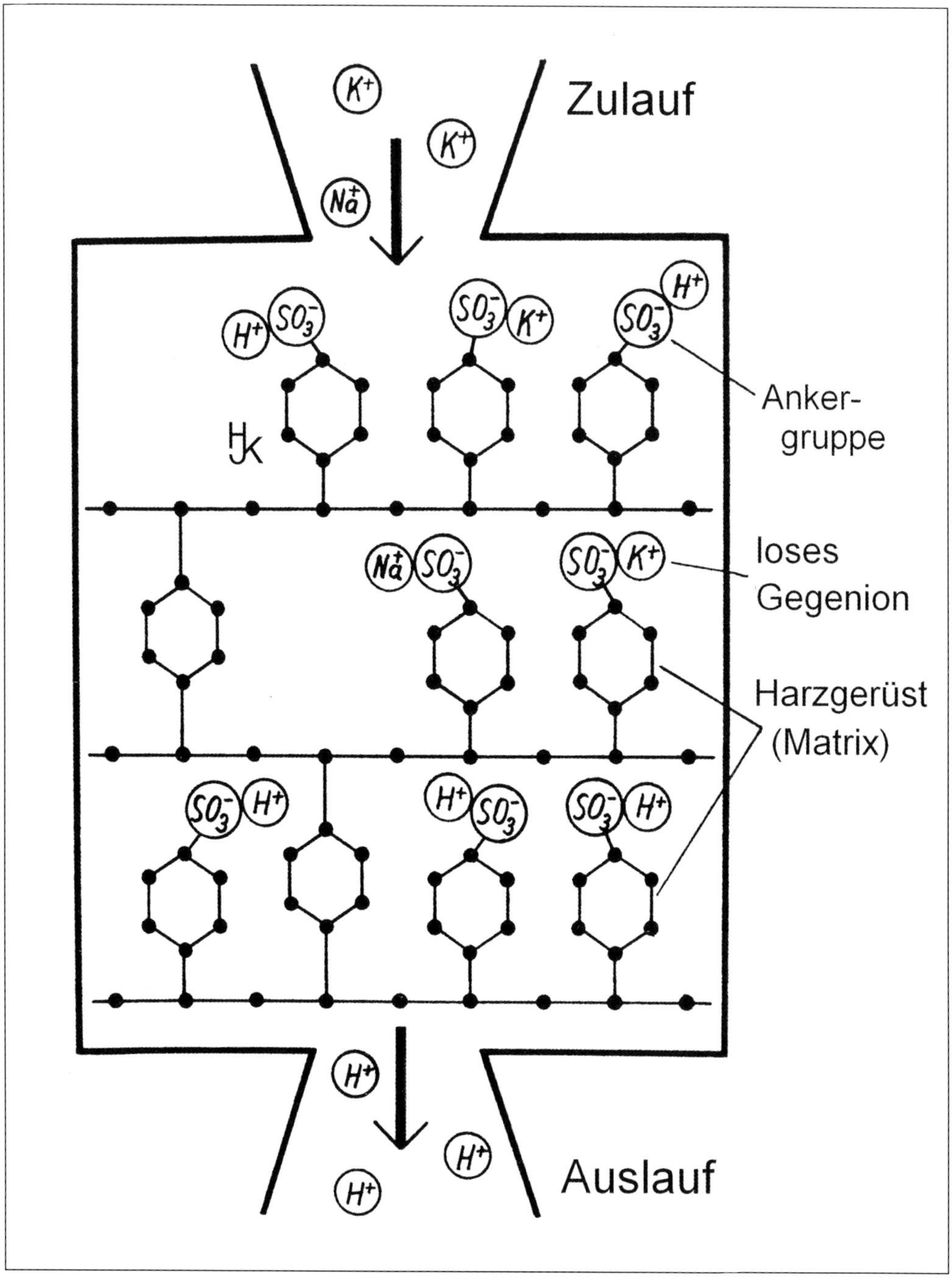

E2-1: Arbeitsprinzip eines Kationen-Austauschers, der mit H^+-Ionen beladenen ist. Diese werden ladungsäquivalent im Austausch gegen andere Kationen abgegeben.

In gleichartige Weise verhalten sich Anionenaustauscher; sie können beispielsweise mit OH^-- oder Cl^--Ionen beladen werden und diese später im Betrieb gegen andere Ionen austauschen.

Die Industrie bietet über 70 verschiedene Typen von Kationen- und Anionenaustauschern an. Sie unterscheiden sich unter anderem durch ihre Selektivitätsreihe, das heißt, bei gleichem Angebot (Konzentration) bevorzugen sie das eine oder andere Kation beziehungsweise Anion. Nicht alle Typen sind für die Wasseraufbereitung geeignet.

Es gibt verschiedene Verfahren zur Wasseraufbereitung. Sie werden in diesem Buch beschrieben am Beispiel der Marken-Austauscherharze „Lewatit" (Fa. Bayer). Die Angaben können für vergleichbare Harze anderer Hersteller übernommen werden.

Grundsätzliche Hinweise für den Umgang mit Ionenaustauschern:

- Alle Austauschprozesse benötigen Zeit. Wenn das Wasser oder die Regenerierlösung schneller durch einen Austauscher laufen als vom Hersteller vorgeschrieben, dann wird die volle Austauschkapazität nicht erreicht.

- Das Wasser und die Regenerierlösungen sollen mindestens Raumtemperatur haben, sonst müssen die angegebenen Durchlaufzeiten verlängert werden. Zur Beschleunigung kann man die Lösungen auf 35 °C erwärmen, also etwa handwarm. Höhere Temperaturen nur nach Rücksprache mit dem Hersteller anwenden, denn manche Ionenaustauscher sind nur bis 40 °C beständig (z.B. M600 und MP600 für die Senkung des Nitratgehaltes).

- Ionenaustauscher quellen durch Wasseraufnahme auf. Sie dürfen niemals austrocknen, weil sonst das Harz reißt. Auch bei Nichtgebrauch müssen Ionenaustauscher stets feucht gehalten werden. Am besten bleiben sie stets mit einer Wasserschicht bedeckt.

- Werden Ionenaustauscher nach einer Pause von einer Woche oder länger wieder in Betrieb genommen, so enthält der erste Ablauf meist Verschmutzungen (Harzabsonderungen? Bakterien?). Deshalb lässt man zunächst etwas Wasser ablaufen entsprechend 1-2 Volumina des Ionenaustauschers. Bei der Vollentsalzung kann man die Leitfähigkeit des ablaufenden Wassers messen. Sobald die anfänglich extrem hohen Werte wieder auf wenige µS/cm gesunken sind, kann man das Wasser bedenkenlos verwenden.

2.1 Neutralaustausch

Verfahren. Das Rohwasser läuft durch einen stark sauren Kationenaustauscher, der mit Natrium-Ionen beladen ist. Es werden sämtliche Salze in Natriumsalze umgewandelt, also zum Beispiel:

Calciumhydrogencarbonat	→	Natriumhydrogencarbonat
Calciumsulfat	→	Natriumsulfat
Magnesiumhydrogencarbonat	→	Natriumhydrogencarbonat
Magnesiumchlorid	→	Natriumchlorid
Natriumcarbonat	→	bleibt
Natriumchlorid	→	bleibt
Natriumsulfat	→	bleibt

Kapazität. Ein Liter des stark sauren Kationenaustauschers Lewatit S100 hat etwa 3000 Härteliter; demnach können bei einer Gesamthärte des Rohwassers von beispielsweise 15 °d etwa 200 Liter Wasser behandelt werden. Die Durchlaufgeschwindigkeit soll 0,4 l/min je Liter Harz nicht übersteigen.

Regenerieren. Für 1 Liter Lewatit S100 wird eine Lösung von 200 g Kochsalz in 2 l Wasser benötigt; man lässt sie langsam während 20-30 Minuten durchlaufen. Anschließend wäscht man mit 2 Liter Leitungswasser nach, um die Kochsalzreste auszuspülen.

Beurteilung. Der Neutralaustausch entfernt alle Calcium- und Magnesiumsalze und liefert demnach Wasser mit einer Gesamthärte Null. Eine KH-Messung ergibt zwar unveränderte Werte, tatsächlich jedoch ist die Karbonathärte Null, denn sämtliche (Hydrogen-)Carbonate liegen in der Natriumform vor (siehe „Härte, KH größer als GH?"). Somit fehlt dem Wasser das wichtige Kalk-Kohlensäure-Puffersystem. Außerdem ist das natürliche Ionenverhältnis zerstört, denn sämtliche Kationen wurden durch Natrium ersetzt. Der Gesamtsalzgehalt bleibt unverändert hoch, wie eine Messung der elektrischen Leitfähigkeit beweist.

Somit ist das im Neutralaustausch gewonnene Wasser zwar kalkfrei und deshalb beispielsweise für Geschirrspüler geeignet, nicht aber zur Herstellung von Aquarienwasser! Trotzdem wurde das Verfahren beschrieben, um dessen Nichteignung verständlich zu machen, denn es werden immer wieder „Enthärtungsfilter" nach diesem Prinzip angeboten. Man erkennt sie daran, dass sie eine Senkung der Härte(!) und nicht des Salzgehaltes versprechen und zum Regenerieren Kochsalz benötigen.

Die einzige sinnvolle Anwendung in der Aquaristik ist die Vorbehandlung des Wassers bei Umkehrosmose-Geräten, wenn das Leitungswasser mehr als etwa 20 °d KH aufweist und mit einem Verkalken der Membran gerechnet werden muss.

2.2 Teilentsalzung

Die Teilentsalzung, auch Entcarbonisierung genannt, ist nur für Rohwässer geeignet, deren Karbonathärte mindestens 80 % der Gesamthärte beträgt. Es sind zwei Verfahren in Gebrauch; sie unterscheiden sich durch den Typ des Kationenaustauschers und damit im Austauschverhalten und Wirkungsgrad.

Verfahren A. Das Rohwasser läuft durch einen stark sauren Kationenaustauscher, der mit Wasserstoff-Ionen beladen ist. Dabei werden sämtliche Kationen gegen H-Ionen ausgetauscht und somit sämtliche Salze in ihre entsprechenden Säuren umgewandelt, also zum Beispiel:

Calciumhydrogencarbonat	$Ca(HCO_3)_2$	→	Kohlensäure	H_2CO_3
Calciumsulfat	$CaSO_4$	→	Schwefelsäure	H_2SO_4
Magnesiumhydrogencarbonat	$Mg(HCO_3)_2$	→	Kohlensäure	H_2CO_3
Magnesiumchlorid	$MgCl_2$	→	Salzsäure	HCl
Natriumcarbonat	Na_2CO_3	→	Kohlensäure	H_2CO_3
Natriumchlorid	$NaCl$	→	Salzsäure	HCl
Natriumsulfat	Na_2SO_4	→	Schwefelsäure	H_2SO_4
Kaliumnitrat	KNO_3	→	Salpetersäure	HNO_3
Kaliumsulfat	K_2SO_4	→	Schwefelsäure	H_2SO_4

Das behandelte Wasser sieht auf den ersten Blick unvorteilhaft aus, zumal der pH-Wert extrem niedrig ist. Weil aber – entsprechend der Voraussetzung – der KH-Anteil im Rohwasser mindestens 80 % betrug, sind etwa 80 % der Säuren Kohlensäure, die durch Belüftung als CO_2 leicht ausgetrieben werden kann. Deshalb wird das Wasser zunächst so lange intensiv umgewälzt, bis sein pH-Wert nicht mehr steigt.

Anschließend wird Rohwasser zugesetzt. Dessen Hydrogencarbonate neutralisieren die noch verbliebenen starken Säuren; dabei entsteht erneut Kohlensäure, die wiederum durch Belüftung ausgetrieben werden muss. Bei der Salzsäure als Beispiel finden folgende Reaktionen statt:

$$2HCl + Ca(HCO_3)_2 \rightarrow CaCl_2 + 2H_2CO_3$$

weiterhin $2H_2CO_3 \rightarrow 2H_2O + 2CO_2$

Es muss so viel Rohwasser zugesetzt werden, bis der pH-Wert des gemischten Wassers nach Belüftung etwa 6,5 überschreitet. Außerdem soll die Karbonathärte mindestens 3 °d erreichen.

Der Austauscher ist erschöpft, sobald zum Neutralisieren wesentlich weniger Rohwasser benötigt wird als üblich. Am besten notiert man sich die durchgelaufenen Wassermengen. Vorteilhaft sind Harze mit Indikator, beispielsweise Lewatit S100G1. Mit fortschreitender Erschöpfung färbt sich der Indikator von hellbraun nach rot; so kann man bei durchsichtigen Säulen die noch verfügbare Kapazität leicht abschätzen.

Kapazität. Ein Liter des stark sauren Kationenaustauschers Lewatit S100 oder S100G1 hat bei diesem Verfahren etwa 4000 Härteliter; demnach können zum Beispiel bei einem Rohwasser mit 15 °d GH etwa 270 Liter Wasser behandelt werden. Die Durchlaufgeschwindigkeit soll 0,4 l/min je Liter Harz nicht übersteigen; bei schnellerem Durchlauf sinkt die Kapazität des Austauschers.

Regenerieren. Für 1 Liter Lewatit S100 oder S100G1 werden 2 Liter 10%ige Salzsäure benötigt; man lässt sie während etwa 20 Minuten durchlaufen. Anschließend wäscht man die Reste der Salzsäure heraus mit etwa 10 Liter Leitungswasser während 20-30 Minuten. Das Waschen ist abgeschlossen, wenn der Chloridgehalt im ablaufenden Wasser nicht mehr höher ist als im zulaufenden.

Verfahren B. Das Rohwasser läuft durch einen schwach sauren Kationenaustauscher, der ebenfalls mit Wasserstoff-Ionen beladen ist. Der Unterschied zum Verfahren A besteht darin, dass ein schwach saurer Austauscher nicht sämtliche Salze in ihre Säuren umwandelt, sondern nur die Hydrogencarbonate und Carbonate:

Calciumhydrogencarbonat	$Ca(HCO_3)_2$	→	Kohlensäure	H_2CO_3
Calciumsulfat	$CaSO_4$	→	bleibt	
Magnesiumhydrogencarbonat	$Mg(HCO_3)_2$	→	Kohlensäure	H_2CO_3
Magnesiumchlorid	$MgCl_2$	→	bleibt	
Natriumcarbonat	Na_2CO_3	→	Kohlensäure	H_2CO_3
Natriumchlorid	$NaCl$	→	bleibt	
Natriumsulfat	Na_2SO_4	→	bleibt	
Kaliumnitrat	KNO_3	→	bleibt	
Kaliumsulfat	K_2SO_4	→	bleibt	

Magnetische oder elektrische „Wasserenthärter“ sind aquaristisch völlig unbrauchbar. Günstigstenfalls beeinflussen sie die Kristallstruktur des Kalkes beim Ausfallen: Kalk mit feiner Struktur (rechts) soll sich leichter von den Armaturen und dergleichen fortwischen lassen. Das Wasser wird aber chemisch nicht verändert (Seite 121)!

Das behandelte Wasser enthält keine starken Säuren, sondern nur Kohlensäure, die durch Belüftung als Kohlendioxid leicht ausgetrieben wird. Die Neutralisation mit Rohwasser kann nahezu unterbleiben, doch sollte mindestens so viel zugegeben werden, dass etwa 3 °d KH gemessen werden.

Kapazität. Ein Liter des schwach sauren Kationenaustauschers Lewatit CNP-LF hat etwa 6500 Härteliter; demnach können zum Beispiel bei einem Rohwasser mit 15 °d GH etwa 430 Liter Wasser behandelt werden. Die Durchlaufgeschwindigkeit muss geringer sein als bei stark sauren Austauschern (Verfahren A). Sie darf 0,2-0,3 l/min je Liter Harz nicht übersteigen, bei höherer Geschwindigkeit sinken Wasserqualität und Austauscherkapazität.

Regenerieren. Für 1 Liter Lewatit CNP-LF werden 2 Liter einer 3 %igen Salzsäure benötigt; man lässt sie langsam während mindestens 30 Minuten durchlaufen. Anschließend wäscht man die Reste der Salzsäure heraus mit etwa 10 Liter Leitungswasser, das nicht schneller als in 1 Stunde durchgelaufen sein soll. Das Waschen ist abgeschlossen, wenn der Chloridgehalt im ablaufenden Wasser nicht mehr höher ist als im zulaufenden.

Schwach saure Kationenaustauscher, aber nur diese(!), lassen sich anstelle mit Salzsäure auch mit schwachen Säuren regenerieren, zum Beispiel mit Citronensäure. Die Chemikalienkosten sind zwar etwa 1,5fach teurer, aber das Verfahren ist weniger gefahrenträchtig, denn Citronensäurespritzer sind relativ harmlos.

Für 1 Liter Lewatit CNP-LF werden 2 Liter einer 6 %igen Citronensäurelösung benötigt; man lässt sie langsam während mindestens 30 Minuten durchlaufen. Anschließend wäscht man die Reste der Säure heraus mit etwa 10 Liter Leitungswasser, das während 1 Stunde durchlaufen soll.

Beurteilung. Beide Teilentsalzungs-Verfahren sind für Wässer geeignet, deren Karbonathärte (KH) mindestens 80 % der Gesamthärte (GH) beträgt; also zum Beispiel bei einem Wasser mit 20 °d GH, sofern es mindestens 16 °d KH besitzt. Der Salzgehalt des Wassers wird erheblich reduziert, und zwar um so mehr, je höher der Anteil der Karbonathärte im Rohwasser ist. Das Ionenspektrum wird zwar deutlich verändert, aber von den meisten Aquarienbewohnern nicht beanstandet.

Verfahren A benutzt einen stark sauren Kationenaustauscher, dieser lässt sich auch bei einer Erweiterung der Anlage zur Vollentsalzung weiterverwenden.

Verfahren B benutzt einen schwach sauren Kationenaustauscher; dieser hat eine 1,6fach höhere Kapazität pro Liter Harz und erfordert beim Regenerieren (mit Salzsäure) nur 30 % der Chemikalienkosten. Verfahren B ist somit weitaus kostengünstiger.

2.3 Vollentsalzung

Verfahren. Das Rohwasser läuft zuerst durch einen stark sauren, mit Wasserstoff-Ionen beladenen Kationenaustauscher. Dieser tauscht sämtliche Kationen gegen H-Ionen aus und wandelt somit sämtliche Salze in ihre entsprechenden Säuren um. Beispiele siehe Tabelle ganz unten:

Dieses extrem säurehaltige Wasser wird einem stark basischen Anionenaustauscher zugeführt. Er tauscht sämtliche Anionen gegen OH-Ionen aus. Das Ergebnis ist reines Wasser:

Kohlensäure	H_2CO_3	→	Wasser	H_2O
Schwefelsäure	H_2SO_4	→	Wasser	H_2O
Salpetersäure	HNO_3	→	Wasser	H_2O
Salzsäure	HCl	→	Wasser	H_2O

Aus Kostengründen werden in der Aquaristik nicht stark basische, sondern schwach basische Anionenaustauscher bevorzugt, wie beispielsweise das Lewatit MP62. Diese haben eine größere Kapazität und benötigen beim Regenerieren eine nur 3 %ige NaOH-Lösung. Ihr aquaristisch unbedeutender Nachteil: Sie entfernen die Kohlensäure nicht. Das ablaufende Wasser hat deshalb einen pH von etwa 5,5, der nach Belüftung auf etwa 7 steigt.

Vollentsalzer sind erschöpft, wenn die Leitfähigkeit des gelieferten Wassers ansteigt. Bei Verwendung eines Indikatorharzes, wie zum Beispiel des Lewatit S100G1, lässt sich die noch verfügbare Kapazität am fortschreitenden Farbumschlag gut erkennen.

Kapazität. Ein Liter des stark sauren Kationenaustauschers Lewatit S100 oder S100G1 und dazu passend 1,3-1,4 Liter des schwach basischen Anionenaustauschers MP62 haben eine Kapazität von etwa 4000 Härteliter. Damit können also bei einem Rohwasser mit beispielsweise 15 °d GH 4000/15 = 270 Liter Wasser vollentsalzt werden. Die Durchlaufgeschwindigkeit soll dabei 0,4 l/min je Liter Harz nicht überschreiten.

Regenerieren. Beide Austauscher müssen einzeln jeder für sich regeneriert werden.

Für 1 Liter Lewatit S100 oder S100G1 braucht man 2 Liter 10 %ige Salzsäure, die während etwa 20 Minuten durchlaufen soll. Anschließend wascht man die Reste der Salzsäure heraus mit 10 Liter Leitungswasser während 20 bis 30 Minuten.

Für 1,4 Liter Lewatit MP62 braucht man 3 Liter 3 %ige Natronlauge, die langsam während 20 bis 30 Minuten durchlaufen soll. Dann wäscht man mit 15 Liter Wasser langsam während etwa 60 Minuten nach.

Calciumhydrogencarbonat	$Ca(HCO_3)_2$	→	Kohlensäure	H_2CO_3
Calciumsulfat	$CaSO_4$	→	Schwefelsäure	H_2SO_4
Magnesiumhydrogencarbonat	$Mg(HCO_3)_2$	→	Kohlensäure	H_2CO_3
Magnesiumchlorid	$MgCl_2$	→	Salzsäure	HCl
Natriumcarbonat	Na_2CO_3	→	Kohlensäure	H_2CO_3
Natriumchlorid	$NaCl$	→	Salzsäure	HCl
Natriumsulfat	Na_2SO_4	→	Schwefelsäure	H_2SO_4
Kaliumnitrat	KNO_3	→	Salpetersäure	HNO_3
Kaliumsulfat	K_2SO_4	→	Schwefelsäure	H_2SO_4

Achtung: Das Waschwasser für den Anionenaustauscher (hier MP62) darf außer H-Ionen keine anderen Kationen enthalten, sonst verdirbt das Harz unrettbar! Das Waschwasser muss also entweder vollentsalzt oder vorher durch den Kationenaustauscher gelaufen sein. Aus gleichem Grund muss zum Verdünnen der Natronlauge unbedingt vollentsalztes Wasser benutzt werden. Diese Hinweise gelten unabhängig vom Hersteller des Harzes.

Mischbett-Vollentsalzer. Man kann die Harze des sauren und des basischen Austauschers miteinander vermischen und in einer gemeinsamen Säule betreiben (Mischbett). Der technische Aufwand ist dadurch geringer. Mischbett-Vollentsalzer werden betriebsfertig angeboten im Zoo- und Laborhandel. Regenerieren in Eigenregie ist nicht möglich, denn die Harze müssen zuvor voneinander getrennt werden durch Flotation. Erschöpfte Austauscher tauscht man gegen Zahlung der Regenerierkosten beim Händler um. Auch der Versandweg ist möglich.

Mischbett-Vollentsalzer mit Regenerier-Service haben folgende Vorteile:

- Das Mischbett-Wasser hat eine besonders geringe Restleitfähigkeit, also einen besonders niedrigen Restsalzgehalt. Ein Vorteil bei etlichen Anwendungen, zum Beispiel für Dampfbügeleisen. Für die Aquaristik ist der besonders niedrige Salzgehalt belanglos, er muss ohnehin durch Zusatz von Rohwasser etwas erhöht werden.

- Man erspart sich: Einkauf und Schlepperei der etlichen Kilogramm Regenerierlösungen, Panscherei mit Säuren und Laugen, Bevorratung von entsalztem Wasser zum Verdünnen sowie den recht beträchtlichen Zeitaufwand für die Regenerier- und Spülgänge.

- Das Problem der sachgerechten Entsorgung von gebrauchten Regenerierlösungen sowie der ersten Spülwässer ist umweltfreundlich und bequem gelöst.

Beurteilung. Die Vollentsalzung ist das aufwändigste Ionenaustausch-Verfahren, denn im Vergleich zur Teilentsalzung werden zwei Austauscher benötigt. Daher sind Anschaffungskosten und Wartungsaufwand etwa doppelt so hoch. Die Vollentsalzung liefert dafür aber fast salzfreies Wasser, dessen Leitfähigkeit nur 0,05 bis 5 µS/cm beträgt.

Die Vollentsalzung hat gegenüber der Teilentsalzung folgende Vorteile:

- Rohwasser jeder Zusammensetzung ist geeignet.

- Vollentsalztes Wasser wird oft auch anderweitig benötigt (Chemielabor, Dampfbügeleisen, Autobatterie ...).

- Durch Mischung mit Rohwasser sind Wässer mit beliebig niedrigem Salzgehalt (Härtegrad) herstellbar.

- Das vorherige Ionenspektrum bleibt im fertig gemischten Wasser erhalten.

Das vollentsalzte Wasser ist aus osmotischen Gründen lebensfeindlich. Zur Osmose siehe unter „Leitfähigkeit". Um den Ansprüchen der jeweiligen Pfleglinge zu genügen, muss daher das vollentsalzte Wasser aufgesalzen werden. Die Möglichkeiten hierzu beschreibt Teil F. „Aufsalzen".

Hinweis. Aquarienwasser sollte niemals im Kreislauf über einen Vollentsalzer gefiltert werden („indirekter Wasserwechsel"). Das Verfahren hat mehrere Nachteile. Ein Ionenaustauscher tauscht einzig allein nur Ionen aus, viele (Schad-)Stoffe im Aquarienwasser aber existieren als ladungsfreie Moleküle und verbleiben deshalb im Wasser. Außerdem enthält das Aquarienwasser manche organische Säuren und Basen, die sich in den Ionenaustauschern derart fest binden, dass sie beim Regenerieren nicht mehr entfernbar sind; folglich verlieren die Austauscher an Kapazität und verderben allmählich unrettbar.

2.4 Regenerierlösungen

Beschaffung. Die benötigten Chemikalien sind im Laborhandel erhältlich (Branchen-Telefonbuch).

Salzsäure und Natronlauge kauft man entweder fertig oder stellt sie selbst her durch Verdünnen von Konzentraten mit entsalztem Wasser. Handelsüblich sind 25 %ige und 32 %ige Salzsäure sowie 33 %ige Natronlauge; die so genannte „Technische Qualität" genügt vollauf. Die zum Verdünnen jeweils notwendigen Mengen an Konzentrat und Wasser lassen sich leicht berechnen mit Hilfe der Kreuzregel auf Seite 138.

Die Natronlauge kann man auch herstellen durch Auflösen von festem Natriumhydroxid (Ätznatron), das in etwa cm-großen Plätzchen im Handel ist. Um eine 3 %ige Natronlauge zu erhalten, werden 30 g Natriumhydroxid pro 1 Liter entsalztem Wasser gelöst. Vorsicht: Die Plätzchen in nur kleinen Portionen stets in das Wasser hineingeben, n i e m a l s umgekehrt Wasser auf die Plätzchen gießen!!! Gefährliche Erhitzung und ätzender Dampf wären die Folge!

Citronensäure ist als Pulver erhältlich. Zum Herstellen einer 6 %igen Citronensäurelösung werden 60 g Pulver pro 1 Liter Wasser gelöst.

Gefahrenhinweis. Gemäß der EG-Richtlinie 91/155/EWG muss jeder Hersteller von Chemikalien für jedes Produkt ein Sicherheitsdatenblatt für den Kunden bereit halten. Unbedingt vom Händler geben lassen!

Hier kann nur das Wichtigste in Kurzform angegeben werden: Citronensäure ist sowohl in fester wie auch in gelöster Form relativ gefahrlos. Stark ätzend sind dagegen Natriumhydroxid und die Konzentrate von Salzsäure und Natronlauge. Die Augen sind besonders gefährdet! Folgende Sicherheitsregeln unbedingt beachten:

– Bei allen chemischen Arbeiten nicht rauchen oder essen. Es besteht Gefahr, dass Chemikalien über den Mund in den Körper gelangen.

– Nur Glas- oder chemikalienfeste Plastikgefäße verwenden. Metalle reagieren chemisch mit Säuren und Laugen.

– Hautkontakt und Spritzer vermeiden, gegebenenfalls reichlich mit Wasser abspülen. Am besten Einweg-Handschuhe benutzen. Möglichst im Freien arbeiten.

– Beim Auflösen von Natriumhydroxid und beim Hantieren mit konzentrierter Salzsäure oder Natronlauge unbedingt Schutzbrille gegen Spritzer tragen. Verätzungen an den Augen hinterlassen bleibende Sehschäden!

– Beim Verdünnen stets zuerst das Wasser in das Mischgefäß füllen und dann das Konzentrat dazugießen, nie umgekehrt! So sind eventuelle Spritzer meist verdünnte Lösung und nicht etwa Konzentrate; außerdem wird eventuell entstehende Lösungswärme besser verteilt.

– Alle Chemikalienbehälter müssen deutlich beschriftet sein und für Unbefugte unzugänglich aufbewahrt werden. Besondere Vorsicht bei Kindern im Haushalt!

Entsorgung. Die gebrauchten Regenerierlösungen sind Sondermüll und dürfen n i c h t in die Kanalisation geschüttet werden! Denn die Lösungen sind aggressiv und müssen neutralisiert werden. Am besten sammelt man sie getrennt nach Art, bis mindestens 10 Liter beisammen sind und gibt sie zur Sondermüllstelle. Adressen sind erhältlich durch Stadtverwaltung, Bürgermeisterei oder Abwasserwerke.

In Ausnahmefällen kann man kleinere Mengen mit Leitungswasser so stark verdünnen, bis ein pH-Wert zwischen 6 und 9 erreicht ist, und dann mit reichlich Wasser in die Kanalisation geben. Trotzdem vorsichtshalber beim Abwasserwerk nachfragen. Korrosionsschäden im Abwasserkanal lassen sich sehr leicht zurückverfolgen bis zum Verursacher; Strafverfahren und vor allem Schadenersatz sind unerwartet teuer!

Beim Regenerieren von kleinen Austauscheranlagen ist oftmals eine Wasserstrahlpumpe (Laborhandel) sehr hilfreich. Sie wird am Auslauf des Austauschers angeschlossen; ein weiterer Schlauch wird vom Einlauf des Austauschers einfach in das Gefäß mit der Regenerierlösung gehängt. Die Wasserstrahlpumpe saugt die Regenerierlösung durch den Austauscher hindurch und verdünnt sie anschließend mit ihrem Betriebswasser oftmals so stark, dass die obigen Abwasserbedingungen erfüllt werden. Wenn eine Messung das bestätigt, kann man sich so das umständliche Auffangen der durchgelaufenen Regenerierlösung und anschließende Verdünnen oder Neutralisieren ersparen.

Hinweis. Einfacher und bequemer ist es, einen Mischbett-Vollentsalzer mit Regenerierservice zu benutzen: Erschöpfte Vollentsalzer werden vom Hersteller gegen Kostenerstattung umgetauscht gegen regenerierte. Lieferadressen erhältlich über Aquariengeschäfte oder Laborhandel.

2.5 Eigenbau

Eine Ionenaustauscher-Anlage besteht aus schlanken Säulen, die mit den Austauscherharzen gefüllt werden. Die Harze selbst lassen sich nicht anfertigen, wohl aber die Säulen mit den nötigen Armaturen und Rohrleitungen. Das Material ist im Baumarkt erhältlich. Fantasie und Bastelkunst sind gefordert! Hier noch einige Hinweise:

– Geeignet sind Röhren aus PVC, wie sie für Abwasserleitungen benutzt werden. Für Indikatorharze nimmt man Acrylglas, damit man am fortschreitenden Farbumschlag die noch verfügbare Kapazität abschätzen kann.

– Die Säulen müssen schlank sein, das heißt, ihre Höhe soll mindestens das Drei- bis Vierfache des Durchmessers betragen. Oben und unten müssen Stutzen sein, möglichst mit Absperrhähnen, für die Rohr- oder Schlauchanschlüsse.

– Das Harz besteht aus Kügelchen mit etwa 0,3-1,2 mm Durchmesser. Damit es nicht herausgespült wird, müssen die Säulen zumindest unten mit feinen Sieben abgeschlossen werden. Geeignet sind Filzscheiben oder durchbohrte, mit Perlontuch überzogene PVC-Scheiben, die gegen Aufwirbeln beim Rückspülen gesichert sein müssen.

– Jedes Harz ändert je nach Beladungszustand sein Volumen, es „arbeitet"; dadurch verfestigt sich das Harzbett. Die Säulen dürfen deshalb nur zu 50 bis 70 % mit Harz gefüllt werden, damit durch „Rückspülen" von unten nach oben die Füllung regelmäßig gelockert werden kann. Im Normalbetrieb laufen Wasser und Regenerierlösung von oben nach unten durch die Säule, um das Harz nicht aufzuwirbeln.

– Luftblasen im Harzbett vermindern die nutzbare Kapazität. Man vermeidet sie, indem man den Durchlauf drosselt, und zwar unten im Ablauf (nicht etwa oben!).

– Austrocknen zerstört die Harze. Die Anlage muss so aufgebaut werden, dass die Harze auch bei Nichtgebrauch nass bleiben (Auslaufschlauch hochlegen).

Oben: Nicht nur in den Tropen, sondern auch in Mitteleuropa existieren Pflanzenparadiese. Hier beispielsweise am Rande der Großstadt Berlin in der Kuhlake.

Unten: Dichte Bestände von *Callitriche palustris* weisen auf Grundwasserquellen hin.

F. Aufsalzen des Wassers

Das durch Vollentsalzung oder Umkehrosmose gewonnene Wasser enthält fast keine Salze. Es fehlen vor allem die Härtebildner. Das Wasser muss in der Regel aufgesalzen werden, um dem Bedarf der Pfleglinge gerecht zu werden. Es gibt mehrere Verfahren, um dem Wasser die gewünschte Härte (°d) oder Leitfähigkeit (µS/cm) zu geben.

Die in den anschließenden Kapiteln beschriebenen Verfahren zum Aufsalzen des Wassers haben kurzgefasst folgende Eigenschaften:

Verfahren 1
„Rohwasser“ ist das einfachste Verfahren und deshalb am meisten verbreitet. Das Ionenverhältnis bleibt unverändert und somit die natürlichen Bedingungen gewahrt.

Verfahren 2
„Mineralwasser“ ist deutlich teurer. Das Ionenverhältnis des Wasser hängt ab von der Zusammensetzung des verwendeten Mineralwassers. Durch kritische Auswahl kann man ein recht gutes Aquarienwasser erzielen.

Verfahren 3
„Salzmischung“ ermöglicht eine Zusammensetzung des Wassers aus chemisch genau definierten Salzen. Eine absolut freie Gestaltung mit dem Ziel „Standard-Ionenverhältnis“ ist jedoch nicht möglich und ein erhöhter Gehalt beispielsweise an Natriumsalzen unvermeidbar.

Verfahren 4
„Kalkreaktor“ kann Wasser mit einer Zusammensetzung herstellen, die völlig dem Standard-Ionenverhältnis entspricht. Der Aufwand ist höher: Zunächst werden Härtebildner freigesetzt. Anschließend fügt man die noch fehlenden Salze hinzu.

1. Rohwasser

Am einfachsten ist das Aufhärten durch Hinzugeben von Rohwasser, also unbehandeltem Leitungswasser. Hierdurch bleibt das Ionenverhältnis, also die prozentuale Verteilung der Ionen, unverändert; das heißt, das durch Mischen entstandene Wasser entspricht in seiner Zusammensetzung grundsätzlich dem ursprünglichen Leitungswasser (Rohwasser), ist aber verdünnt.

Die zum Mischen erforderlichen Wassermengen errechnet der Chemiker nach der altbekannten Kreuzregel.

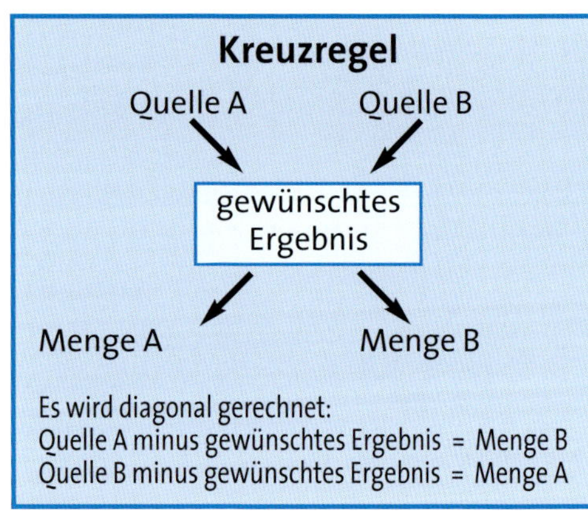

Beispiel: Das Mischwasser soll 4 °d haben. Das Rohwasser habe 18 °d und das entsalzte Wasser 0 °d. Dann sieht das Kreuz der Kreuzregel so aus:

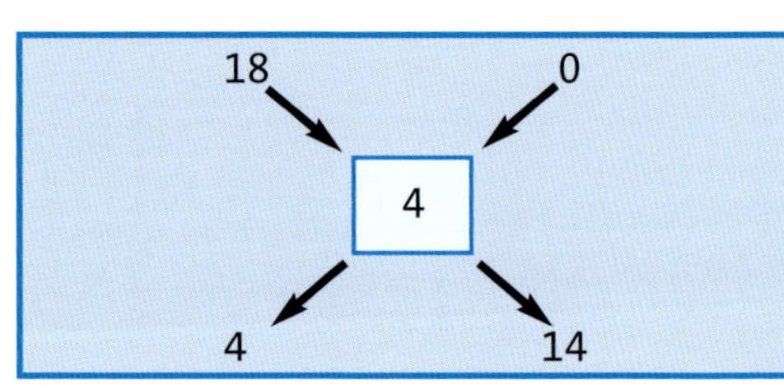

Diagonal wird gerechnet: 18 – 4 = 14, sowie 4 – 0 = 4. Also erhält man durch Mischen von 4 Litern Rohwasser (18 °d) mit 14 Litern vollentsalztem Wasser (0 °d) demnach 18 Liter Mischwasser (4 °d).

Die Kreuzregel gilt universell. Man darf also die Maßeinheit °d durch eine andere ersetzen (dann aber überall!), zum Beispiel durch µS/cm oder %. Das ist für andere Anwendungen sehr nützlich, etwa beim Verdünnen von Regenerierlösungen.

Man kann die notwendigen Wassermengen auch aus den Tabellen F1-A (in °d) oder F1-B (in µS/cm) ablesen:

Tabelle F1-A: Mischtabelle A

100 Liter Mischwasser mit °d	Literanteil des Rohwassers mit °d									
	4	6	8	10	12	14	16	18	20	22
1	25	17	13	10	8	7	6	6	5	5
2	50	33	25	20	17	14	13	11	10	9
3	75	50	38	30	25	21	19	17	15	14
4	100	67	50	40	33	29	25	22	20	18
5	–	83	63	50	42	36	31	28	25	23
6	–	100	75	60	50	43	38	33	30	27
8	–	–	100	80	67	57	50	44	40	36
10	–	–	–	100	83	71	63	56	50	45

Beispiel: Man benötigt 100 Liter Mischwasser mit 4 °d. Hat das Rohwasser 14 °d, so mischt man 29 Liter Rohwasser mit (100 - 29) = 71 Liter vollentsalztem Wasser.

Tabelle F1-B: Mischtabelle B

100 Liter Mischwasser mit µS/cm	Literanteil des Rohwassers mit µS/cm									
	150	200	250	300	350	400	450	500	600	700
30	20	15	12	10	9	8	7	6	5	4
50	33	25	20	17	14	13	11	10	8	7
70	47	35	28	23	20	18	16	14	12	10
100	67	50	40	33	29	25	22	20	17	14
150	100	75	60	50	43	38	33	30	25	21
200	–	100	80	67	57	50	44	40	33	29
250	–	–	100	83	71	63	56	50	42	36
300	–	–	–	100	86	75	67	60	50	43

Beispiel: Man benötigt 100 Liter Mischwasser mit 70 µS/cm. Hat das Rohwasser 400 µS/cm, so mischt man 18 Liter Rohwasser mit (100 - 18) = 82 Liter vollentsalztem Wasser.

Für Osmosewasser gilt einschränkend: Es hat noch einen geringen Restsalzgehalt, deshalb benötigt man etwas weniger Rohwasser. Bei höherem Restsalzgehalt benutzt man nicht die Tabellen sondern besser die Kreuzregel. Unter Umständen ist das Osmosewasser sogar ohne jede Zugabe von Rohwasser direkt verwendbar. Messen!

2. Mineralwasser

Manche Diskusfreunde haben Bedenken, dem Osmosewasser wieder Rohwasser zuzusetzen. Denn Osmosewasser ist nicht nur weitgehend frei von Ionen, sondern infolge seiner Feinfilter-Eigenschaften auch frei von Pestiziden, die eventuell durch chemische Bekämpfung von Unkraut oder Insekten in Spuren in das Grundwasser gesickert sein könnten. Durch Zugabe von Rohwasser aus der Leitung könnten diese Stoffe wieder in das Aquarienwasser gelangen und empfindlichen Fischen schaden.

Diese Bedenken sind verständlich, aber nicht stichhaltig. Zum Ersten sind Pestizide nur selten im Leitungswasser zu finden, und zum Zweiten lassen sie sich leicht aus dem Wasser entfernen, indem man es l a n g s a m durch ein Aktivkohlefilter laufen lässt. Zu Einzelheiten siehe KRAUSES „Handbuch Aquarientechnik“.

Man kann anstelle von Leitungswasser auch käufliches Mineralwasser aus der Flasche hinzugießen. Aus Preisgründen ist dieses Verfahren nur bei kleinerem Wasserbedarf möglich. Außerdem sind nicht alle Mineralwässer aquaristisch geeignet, wie das Folgende zeigt.

Mineralwässer kommen aus großer Tiefe und haben aus mächtigen Salzlagern viele Mineralien herausgelöst und damit eine entsprechend hohe Leitfähigkeit. Je nach chemischer Beschaffenheit der Lager kann das Ionenverhältnis vom Standard (Seite 8) erheblich abweichen, nicht selten sogar bis zur aquaristisch absoluten Unbrauchbarkeit. Am ehesten geeignet sind Wässer aus erdigen und kalkhaltigen Quellgebieten, diese enthalten vorwiegend Calcium- und Magnesiumhydrogencarbonate und relativ wenig Natrium. Solche Quellwässer gibt es beispielsweise in Wildungen, Lippspringe, Überkingen, Imnau und Rappoldsweiler, jedoch gelangen die meisten davon nicht in den Flaschenversand, weil der Gesamtsalzgehalt zu gering ist.

Tabelle F2-A:
Inhaltsstoffe von drei Mineralwässern sowie ihre Ionenverhältnisse im Vergleich zum Standard-Ionenverhältnis (S-I).
Stand 2005

A = Apollinaris Classic
B = Gerolsteiner Stille Quelle
C = Evian
S-I = Standard-Ionenverhältnis

	A	B	C	S-I	Einh.
GH	33	74	16	-	°d
KH[1]	72	83	16	-	°d
Leitfähigkeit	3100	4200	650	-	µS/cm
Salzgehalt	2,5	2,5	0,5	-	g/l
Kationen					
Calcium	15	59	71	64	Gew.-%
Natrium	62	20	6	18	Gew.-%
Magnesium	18	19	22	11	Gew.-%
Kalium	5	2	1	7	Gew.-%
Anionen					
H'Carbonat	89	96	95	80	Gew.-%
Sulfat	5	2	4	14	Gew.-%
Chlorid	6	2	1	6	Gew.-%

[1] Zu dem Messergebnis KH größer als GH siehe Seite 43.

Achtung: Oft werden an einem Ort mehrere, verschieden tiefe Bohrungen niedergebracht, die folglich verschiedene Wässer liefern; so gibt es zum Beispiel in Überkingen auch eine alkalische, vorwiegend natriumhaltige Quelle, die natürlich aquaristisch nicht geeignet ist.

Tabelle F2-A zeigt als Beispiel die Daten von drei handelsüblichen Mineralwässern. Es zeigt sich:

– Das Ionenverhältnis aller Beispiel-Wässer weicht deutlich ab vom Standard-Ionenverhältnis.

– Wasser A enthält, wie viele Mineralwässer, zu viel Natrium und zu wenig Calcium, es ist deshalb aquaristisch ungeeignet.

– Wasser B ist gut verwendbar. Man kann es noch verbessern durch Zugabe von etwa 0,17 Gramm Kaliumsulfat (K_2SO_4) pro Liter. Hierzu wiegt man 17 Gramm ab, löst in 1 l (Leitungs-)Wasser auf und gibt davon 10 ml zu jedem Liter Wasser B. – Weil die Gesamthärte des Wassers B mit 74 °d recht hoch ist, benötigt man nur wenig davon. Beim Mischen benutzt man die Kreuzregel auf Seite 138 oder die Tabelle F2-B Seite 139.

– Wasser C ist ähnlich gut geeignet. Es enthält aber rund 4 mg/l Nitrat (aquaristisch unbedeutend), und wegen seiner geringeren Härte von 16 °d benötigt man vergleichsweise die fünffache Menge.

Enthält das Mineralwasser Kohlensäure (genauer: Kohlendioxid), so treibt man es v o r dem Vermischen aus, denn beim Konzentrat geht es am leichtesten. Am einfachsten steckt man einen Luftschlauch in die Flasche und bläst mit einer Membranpumpe Luft hindurch, oder man gießt man das Mineralwasser in ein größeres Gefäß und wälzt mit einer kleinen Kreiselpumpe so lange um, bis der pH-Wert nicht mehr ansteigt. Wichtig: Anschließend muss das Mineralwasser sofort vermischt werden, sonst fallen die Härtebildner aus infolge CO_2-Mangel!

Tabelle F2-B: Mischtabelle C

100 Liter Mischwasser mit °d	Literanteil des Mineralwassers mit °d 20	25	30	35	40	50	60	70	80	100
1	5,0	4,0	3,3	2,9	2,5	2,0	1,7	1,4	1,3	1,0
1,5	7,5	6,0	5,0	4,3	3,8	3,0	2,5	2,1	1,9	1,5
2	10,0	8,0	6,7	5,7	5,0	4,0	3,3	2,9	2,5	2,0
3	15,0	12,0	10,0	8,6	7,5	6,0	5,0	4,3	3,8	3,0
4	20,0	16,0	13,3	11,4	10,0	8,0	6,7	5,7	5,0	4,0
5	25,0	20,0	16,7	14,3	12,5	10,0	8,3	7,1	6,3	5,0
6	30,0	24,0	20,0	17,1	15,0	12,0	10,0	8,6	7,5	6,0
8	40,0	32,0	26,7	22,9	20,0	16,0	13,3	11,4	10,0	8,0
10	50,0	40,0	33,3	28,6	25,0	20,0	16,7	14,3	12,5	10,0

Beispiel: Man benötigt 100 Liter Mischwasser mit 2 °d. Hat das Mineralwasser 74 °d, so mischt man 2,7 Liter Mineralwasser mit (100 - 2,7) = 97,3 Liter vollentsalztem Wasser.

3. Salzmischung

Im Wasser sind alle Salze beziehungsweise deren Ionen chemisch genau analysierbar und in irgendeiner Form als Chemikalie im Laborgeschäft erhältlich. Es verlockt geradezu, ein salzfreies Wasser mit Chemikalien nach eigenen Wünschen zu fischgerechtem Wasser beliebig „aufzubauen“.

Dieser Verlockung sind Grenzen gesetzt. Das Standard-Ionenverhältnis zeigt, dass das Calciumhydrogencarbonat $Ca(HCO_3)_2$ den größten Anteil stellt. Und ausgerechnet diese Substanz gibt es nicht als Pulver. Sie ist als Pulver chemisch überhaupt nicht existent! Leider. Alle Versuche, sie beispielsweise durch Eindampfen von Wasser zu erhalten, schlagen fehl, denn ab einem bestimmten Eindickungsgrad wandelt sich das Calciumhydrogencarbonat (GH-Bildner) unweigerlich um in Calciumcarbonat (Kalk):

$Ca(HCO_3)_2$	$\rightarrow$	$CaCO_3$	+	CO_2	+	H_2O
Calcium-hydrogen-carbonat		Calcium-carbonat		Kohlen-dioxid		Wasser

Was nach dem Eindampfen in der trockenen Schale übrigbleibt ist Kalk, auch Kesselstein genannt, dieser ist hart und wasserunlöslich. Zerreibt man den Kalk und gibt Wasser hinzu, so bleibt der Kalk unlöslich auf dem Boden liegen. Er lässt sich nur lösen, wenn man die eben dargestellte chemische Reaktion zur Umkehr bringen kann.

Möchte man also ein Wasser aus Mineralsalzen zubereiten, so muss man sehr trickreich vorgehen und sich aus etlichen anderen wasserlöslichen Salzen das nötige Calcium- und Magnesium-Hydrogencarbonat zusammenklauben. Aber weil alle Salze bekanntlich aus Kationen u n d Anionen bestehen, gelingt es nicht, etwa den Calciumgehalt allein zu erhöhen, sondern zugleich steigt eine äquivalente Menge von Anionen mit an, also etwa Chlorid oder Sulfat. Daraus folgt: Es ist unmöglich, allein mit Mineralsalzen aus der Tüte ein Süßwasser genau gemäß dem Standard-Ionenverhältnis herzustellen!

Dieses Problem kennt die Meerwasser-Aquaristik nicht, denn Meerwasser besteht zu über 80 % aus dem sehr gut löslichen Natriumchlorid. Aber Süßwasser enthält dagegen nur etwa 20 % Natrium und 6 % Chlorid, und deshalb ist das im Zoohandel käufliche Meerwassersalz zum Aufsalzen von Süßwasser absolut ungeeignet.

Simpelrezepte für Süßwasser verwenden als KH-Bildner allein Natriumhydrogencarbonat ($NaHCO_3$). Das Verfahren hat jedoch zwei untragbare Fehler: Erstens bekommt man ein Wasser mit gänzlich unnatürlichem Ionenverhältnis. Zweitens besitzt dieses Wasser keine wirkliche Karbonathärte, denn es enthält zwar Hydrogencarbonat, aber nur ungenügende Mengen an Calcium oder Magnesium (zum Verständnis siehe die „Härte“-Kapitel).

Ich habe etliche Salzmischungen aus dem Zoohandel genauer untersucht und verschiedene Rezepte geprüft. Keines erfüllte die Forderungen, die ich an eine ideale Salzmischung für Süßwässer stelle:

1. Die Mengenverhältnisse von Natrium zu Kalium (einwertige Kationen), von Calcium zu Magnesium (zweiwertige Kationen) sowie von Sulfat zu Chlorid sollen ungefähr dem Standard-Ionenverhältnis entsprechen (Seite 8).

2. Das Verhältnis von ein- zu zweiwertigen Ionen beeinflusst stark die osmotischen Quellungsprozesse. Das Verhältnis soll also dem weicher Naturgewässer ent-

sprechen. Zu diesen zählen zum Beispiel die Diskusgewässer im Bereich des Rio Solimóes, beschrieben von dem Amazonas-Pionier Prof. Dr. Harald Sioli (1984).

3. Viele Züchter messen in weichen Wässern der Nichtkarbonathärte (NKH = GH minus KH) eine besondere, positive Bedeutung zu. Deshalb soll der Gehalt an Erdalkali-Chlorid und -Sulfat nicht zu knapp bemessen sein.

Ich fand kein Rezept, das diese Forderungen erfüllte, und machte mich selbst an die Arbeit. Als besonders schwierig erwiesen sich die erwähnten, grundlegenden Probleme des Calciumhydrogencarbonates. Das „Standard-Ionenverhältnis aus der Tüte“ lässt sich nicht verwirklichen. Nach Entwicklung eines entsprechenden Computerprogrammes gelang es mir jedoch, eine Salzmischung zu finden, die meine Forderungen weitgehend erfüllt (Tabelle F3-A).

Werden zu 100 Liter vollentsalztem Wasser beispielsweise 5,0 Gramm dieser Pulvermischung gegeben, so erhält man ein Wasser mit 1,0 °dGH, 0,5 °dKH und etwa 50 µS/cm. Die Zusammensetzung eines solchen Wassers zeigt Tabelle F3-B.

Ein Mangel dieses Wassers beziehungsweise der Salzmischung ist unübersehbar: Trotz Optimierung mit Computerhilfe ist der Gehalt an Calcium, Magnesium und Hydrogencarbonat knapp.

Tabelle F3-B: Vollentsalztes Wassers nach Zugabe von 5 g Salzmischung nach Tabelle F3-A auf 100 l. In Klammern das angestrebte Standard-Ionenverhältnis.

GH 1,0 °d KH 0,5 °d

Kationen	mg/l	Gew.-%
Calcium	5,4	50 (64)
Natrium	3,3	30 (18)
Magnesium	1,0	9 (11)
Kalium	1,2	11 (7)
Anionen	mg/l	Gew.-%
H'Carbonat	10,5	41 (80)
Sulfat	10,3	40 (14)
Chlorid	4,8	19 (6)

Man kann die Mischung noch verbessern durch Zugabe einer Spurenelemente-Mischung aus dem Gartenbau (z.B. „Compo Pflanzen Vital Spurennährstoffe“, nicht mehr als 1 g pro 400 l).

Die Pulvermischung muss absolut trocken und kühl gelagert werden, sonst beginnen die Komponenten miteinander zu reagieren. Dabei verklumpt das Pulver allmählich und quillt auf. Es bildet sich unter anderem wasserunlösliches Calciumcarbonat. Die Lagerfähigkeit ist besser, wenn man die Hydrogencarbonate ($NaHCO_3$, $KHCO_2$) getrennt von den übrigen Komponenten aufbewahrt.

Tabelle F3-A: Salzmischung für Süßwasser nach Krause

12 g	$NaHCO_3$	Natriumhydrogencarbonat
3 g	$KHCO_3$	Kaliumhydrogencarbonat
10 g	$MgSO_4 \cdot 7\,H_2O$	Magnesiumsulfat-Heptahydrat
10 g	$CaCl_2 \cdot 2\,H_2O$	Calciumclorid-Dihydrat
15 g	$CaSO_4 \cdot 2\,H_2O$	Calciumsulfat-Dihydrat

Zum Gebrauch wird die benötigte Pulvermenge im Wasser verrührt. Falls man zunächst eine konzentrierte Teilmenge ansetzt, muss die Wassermenge mindestens so groß sein, dass kein Brausepulvereffekt auftritt, sonst werden die Härtebildner zerstört und setzen sich ab.

Literatur.
SIOLI, H. (1984): The Amazon, Limnology and landscape ecology of a mighty tropical river and its basin. Dr. W. Junk Publishers, Holland.

Yanomami-Indianer im Labyrinth der zahllosen Flüsse Amazoniens. Diese Siedlung liegt fünf Tagesreisen mit dem Boot nördlich von Barcelos an einem Klarwasser-Flüsschen in der Nähe des Rio Demini. Die junge Frau trägt einen Ohrschmuck aus grünen Blättern.

4. Kalkreaktor

Mit einem Kalkreaktor lässt sich das benötigte, aber leider nicht als Pulver existierende Calciumhydrogencarbonat herstellen. Ein Reaktor macht die beim Eindampfen des Wassers ablaufende Umwandlung von Calciumhydrogencarbonat in Calciumcarbonat (Kalk) rückgängig. Für Meerwasseranlagen hat HEBBINGHAUS (1994) einen Kalkreaktor ausführlich beschrieben.

Arbeitsprinzip mit Beispiel: Ein 20-Liter-Kanister wird mit 10 Liter Wasser und 4 g feinem Kalkpulver gefüllt. Über einen Ausströmer führt man feinverteilt CO_2 zu und wälzt außerdem mit einer Tauchpumpe kräftig um. Der Deckel darf nur lose aufgesetzt werden, Überdruck! Der Lösungsprozess verläuft langsam wie folgt:

$$CaCO_3 + CO_2 + H_2O \rightarrow Ca(HCO_3)_2$$

$CaCO_3$	CO_2	H_2O	$Ca(HCO_3)_2$
Calcium-carbonat	Kohlen-dioxid	Wasser	Calcium-hydrogen-carbonat

Das entstehende Calciumhydrogencarbonat $Ca(HCO_3)_2$ ist der Härtebildner, wobei das Ca-Ion die Gesamthärte und das HCO_3-Ion die Karbonathärte darstellen.

Am besten geeignet, weil extrem fein gepulvert und daher am leichtesten reaktionsfähig, ist „gefälltes“ Calciumcarbonat aus dem Laborhandel. Wer großen Bedarf hat, nimmt als Kalkrohstoff Muschelgrus (Zoohandel) oder Marmorabfall vom Steinmetz. Das Material muss zerkleinert werden; je feiner, desto besser. Große Marmorbrocken teilt man mit einem Meißel, kleinere kann man zwischen alte Lappen legen und mit einem schweren Hammer zertrümmern.

Bei vollständiger Auflösung von 4,0 Gramm Calciumcarbonat in 10 Liter vollentsalztem Wasser erhält man ein recht hartes Wasser mit etwa 22 °d GH und 22 °d KH. Dieses kann man auf 100 Liter verdünnen und erreicht so eine Härte von etwa 2,2 °d GH und KH.

Dieses Wasser muss man bald weiter verarbeiten! Oder darauf achten, dass genügend Kohlendioxid zugegen ist, sonst fallen die Härtebildner wieder aus.

Warnung: Kalkpulver oder -staub darf nicht in das Aquarium gelangen! Tödliche Kiemenreizungen können die Folge sein. Denn das Pulver reagiert unmittelbar auf den Kiemen mit dem Atmungs-CO_2.

Der Reaktor liefert nur die Härtebildner, die mit 75 bis 80 % den größten Anteil im Standard-Ionenverhältnis stellen. Die übrigen Salze müssen anschließend gesondert hinzugefügt werden. Es genügen dazu die sechs Substanzen nach Tabelle F4-A.

Tabelle F4-A:
Salzmischung für Reaktorwasser nach KRAUSE

20 g	$NaHCO_3$
15 g	$MgSO_4 \cdot 7\,H_2O$
13 g	$MgCl_2 \cdot 6\,H_2O$
10 g	$CaSO_4 \cdot 2\,H_2O$
5 g	$KHCO_3$
1,5 g	$CaCl_2 \cdot 2\,H_2O$

Wichtig: Darauf achten, dass bei den Substanzen nicht nur der Hauptname korrekt ist, sondern auch die Menge des Kristallwassers. Die Rezeptur ist falsch, wenn beispielsweise anstelle $CaCl_2 \cdot 2\,H_2O$ die ähnliche Substanz $CaCl_2 \cdot 6\,H_2O$ benutzt wird.

Auf 100 Liter Reaktorwasser mit einer Härte von 2,2 °d gibt man 6,5 Gramm der Reaktorsalzmischung hinzu (Briefwaage, siehe auch Seite 14). Dabei werden nicht nur die noch fehlenden, notwendigen Ionen ergänzt, sondern auch die Gesamthärte auf etwa 3,3 °d erhöht. Man erhält ein Süßwasser, dessen Ionenverteilung praktisch identisch ist mit dem Standard-Ionenverhältnis (Tabelle F4-B).

Tabelle F4-B:
Zusammensetzung und Ionenverhältnis des Reaktorwassers nach Zugabe der Salzmischung (nach KRAUSE) aus Tabelle F4-A. In Klammern das Standard-Ionenverhältnis.

GH 3,3 °d KH 3,0 °d

Kationen	mg/l	Gew.-%
Calcium	18,7	64,2 (64,4)
Natrium	5,4	18,7 (18,4)
Magnesium	3,0	10,4 (10,6)
Kalium	2,0	6,7 (6,6)
Anionen	mg/l	Gew.-%
H'Carbonat	66,4	79,9 (80,0)
Sulfat	11,4	13,8 (13,7)
Chlorid	5,3	6,3 (6,3)

Man kann die Wasserqualität noch verbessern, indem man geringe Mengen einer Spurenelemente-Mischung aus dem Gartenbau hinzufügt (z.B. „Compo Spurennährstoffe" 1 g pro 400 l, dies ergibt u.a. 0,1 mg/l chelatisiertes Eisen, s.a. Seite 143).

Vor dem Gebrauch des quasi synthetisch hergestellten „perfekten" Süßwassers muss noch das überschüssige Kohlendioxid entfernt werden.

Literatur.

HEBBINGHAUS, R. (1994): Der Löbbecke-Kalkreaktor, DATZ 8 S.517-522.

G. Analysen tropischer Gewässer

Um einen Eindruck von der chemischen Zusammensetzung tropischer Gewässer zu geben, hier ein Auszug von Analysen aus verschiedenen Regionen. Vollanalysen erfordern umfangreiches Laborgepäck. Die Transportmöglichkeiten sind bei privat finanzierten Expeditionen sehr beschränkt, zumal auch umfangreiche andere Ausrüstung mitgeführt werden muss. Das gilt insbesondere, wenn die Biotope nur schwer zugänglich sind und erst nach längeren Fußmärschen erreicht werden können. Wasserproben, die erst Stunden nach dem Schöpfen analysiert werden, unterliegen Veränderungen; dadurch ergeben sich oft falsche Beschreibungen der Biotope. Ich zog es daher vor, mich auf die wichtigsten Analysen zu beschränken, diese aber unmittelbar vor Ort durchzuführen.

Biotop	P	Temp °C	GH °d	KH °d	NH_4 mg/l	NO_2 mg/l	NO_3 mg/l	O_2 mg/l	pH -	CO_2 mg/l	Fe mg/l	Leitf µS/cm
Amazonasgebiet												
Schwarzwasser												
Rio Negro	0	29	0,02	<0,1	0,3	<0,01	<1	4,5	3,7[1]	2	0,10	8
Rio Cuiéiros	0	27	0,02	<0,1	1,0	<0,01	<1	5,5	3,5[1]	5	0,10	30
Rio Aracá	0	30	0,02	<0,1	1,4	<0,01	<1	6,0	3,4[1]	4	0,12	15
Klarwasser												
Igarapé Cuiúni	1	27	0,04	<0,1	0,2	<0,01		3,5	3,5[1]	6	0,30	8
Igar. Maquiché	2	30	0,04	<0,1	0,1	<0,01	<1	4,0	4,1	8	0,50	7
Weißwasser												
Rio Demini	0	28	0,2	0,15	0,5	<0,01	<1	6,0	4,8	4	0,22	13
Rio Cuiabá	3	33	1,9	1,9	0,2	<0,01	2	2,0	6,1	12	0,15	70
Süd-Thailand												
bei Ban Lam Kaen	4	26	<0,2	<0,2	0,02	0,01	<1	5,5	5,5	40	0,55	22
Klong Hin Noi	5	26	0,2	0,2	0,04		5	4,0	5,6	12	0,05	13
bei Ban Sak Hu	6	25	0,8	0,8	0,30	<0,01	<1	1,4	6,2	35	0,10	65
Region Phangnga	7	26	9	11	0,08	<0,01	3	6,5	7,7	5	0,05	320
Sri Lanka												
bei Madawala	8	26	20	17	0,02	<0,01		2,5	6,9	70	0,02	540
bei Wattegama	9	26	5	4	0,03	<0,01		4,7	7,5	7	0,08	180
bei Kosgama	10	28	0,7	0,7				6,4	6,0	20	0,50	27
bei Nalanda	11	26	15	14	<0,01	<0,01	<1	1,6	7,1	38	0,01	480
Kuba												
Limonar b. Guamo	12	26	21	14	0,03	0,02	8	8,5	7,2	6	0,04	450
Laguna de Tesoro	13	23	13	8	<0,2		3	5,5	6,8	2	0,02	600

[1] Die pH-Werte im Schwarz- und Klarwasser Amazoniens sind, wie Berechnungen im Nachhinein ergaben, falsch. So würden beim Rio Negro (1. Zeile) allein die bei pH = 3,7 anwesenden H^+-Ionen eine Leitfähigkeit von etwa 77 µS/cm bewirken, siehe Kapitel „Leitfähigkeit". Offenbar habe ich den besonderen Messproblemen des pH-Wertes in elektrolytarmen Wässern zu wenig Aufmerksamkeit geschenkt, siehe Kapitel „pH-Wert" sowie Kapitel „Leitfähigkeit" auf Seite 60. Bei kritischer rechnerischer Betrachtung sind die Messergebnisse für die Leitfähigkeiten richtig und daher für diese Wässer pH-Werte im Bereich 4,1 bis 4,7 eher realistisch.

Angaben wie zum Beispiel <0,02 sagen aus, dass der benutzte Wassertest eine Nachweisgrenze von 0,02 mg/l hatte, jedoch reaktionslos blieb. Das schließt aber nicht das Vorhandensein noch geringerer Gehalte aus, beispielsweise von 0,005 mg/l.

Spalte P gibt Auskunft über Pflanzenfunde und -biotope:

0 = keine Pflanzen gefunden
1 = Dichte Bestände von *Mayaca fluviatilis, Cabomba aquatica* (Typ *schwartzii*), *Egleria fluctuans*. Ruhige Buchten in mäßig schnell fließendem Bach.
2 = Reichliche Vorkommen an *Eleocharis, Myriophyllum aquaticum, Egeria najas, Egleria fluctuans.*
3 = *Eichhornia azurea* in langsam strömendem Fluss.
4 = Dichte Bestände an *Cryptocoryne cordata* („*blassii*“) und *Barclaya longifolia*. Schnell fließender Bach.
5 = Dichte Bestände an *Utricularia, Limnophila*. Besonnte Quelltümpel.
6 = *Limnophila, Characeen.*
7 = *Cryptocoryne crispatula*, Kalkregion.
8 = Quellbrunnen mit *Cryptocoryne beckettii.*
9 = *Vallisneria* spec. am Ufer eines langsamen, flachen Flusses.
10 = *Nitella* spec. in einem flachen, trägen Bächlein.
11 = *Cryptocoryne beckettii, C. petchii*; am Ufer *Lagenandra praetermissa.*
12 = *Pistia stratiotes, Callitriche, Potamogeton lucens*. Kräftig strömender Fluss mit steilen Ufern.
13 = *Potamogeton* spec., sehr große Exemplare *Utricularia.*

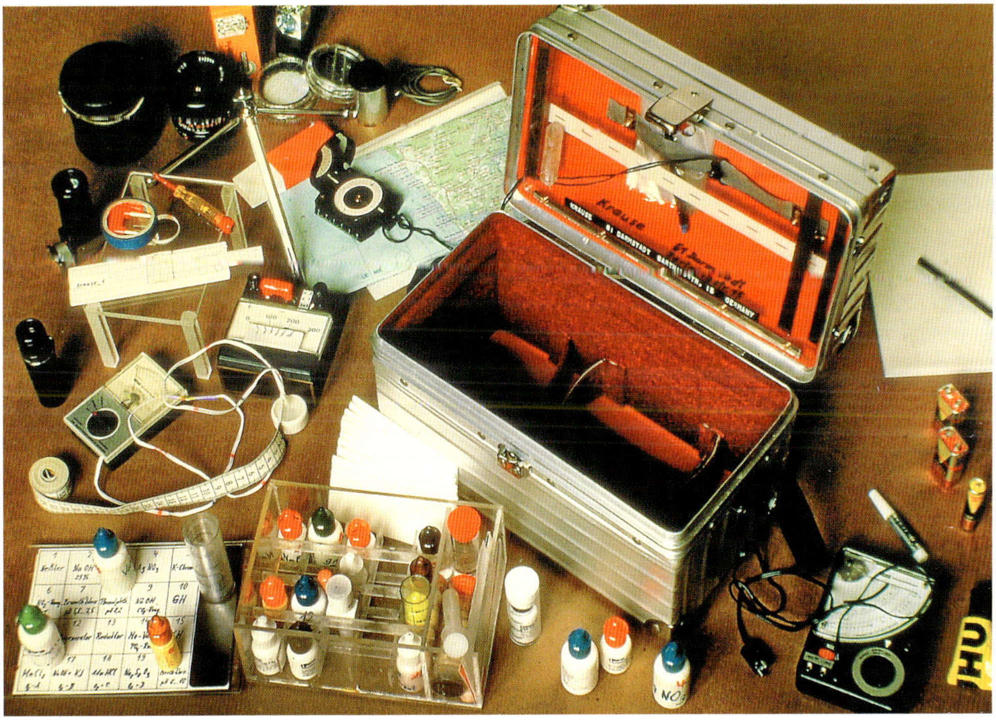

Ein sehr kompaktes Feldlabor 30x20x15 cm im Eigenbau 1974: zehn chemische Tests, dazu elektrische Redox-, Leitfähigkeit- und pH-Messung, Kartenmaterial und Fotozubehör für Nahaufnahmen.

Stichwortverzeichnis

Die Stichwörter sind nicht immer buchstabengetreu, sondern beschreiben den Sachverhalt. Fette Seitenzahlen weisen auf besondere Schwerpunkte hin.